JN086028

複式簿記の理論とJA簿記

平野秀輔　前川研吾
HIRANO, Shusuke　MAEKAWA,Kengo ［監修・著］
汐留パートナーズ税理士法人［編］

東京　白桃書房　神田

はじめに

複式簿記の学習を初めてしてから，42年が経過した。自分が学習を始めた時代は，会計の初歩として複式簿記の学習が位置付けられていたと思う。そして，実務に携わって以来，企業の電算システム化が飛躍的に進み，そのような環境において，複式簿記の学習はさほど重要ではないのでは，と考えるようになった。特に，会計に関する業務には直接的に携わらない方については，会計の基礎学習を簿記から始める必要はなく，貸借対照表や損益計算書等の財務諸表をどのように扱うか，から学習した方がよいのでは，と思っている。

このように書くと，複式簿記の知識はさほど重要ではないのではないか，という意見も出てくることになる。しかし，データの作成，数値の調整，監査等の会計業務に携わる者にとっては，その考えが全く当てはまらず，むしろ，以前にも増して複式簿記の理論に精通している必要がある，と考えている。特に，電算システムによって算定されるデータの適否を判断するためには，複式簿記の基本的な知識を習熟し，それを応用できる能力が必要とされる，と考えている。近年における，簿記の学習は，ますます検定試験や国家試験での正答を追うことばかり中心になっているように感じられ，結果としてそれらの試験に合格した者の簿記に関する習熟度が低下し，ひいては以前より実務能力に劣るのではないか，という感想を持っている。長年，そのままでよいのであろうか，といつも考えていた。

一方で，20年以上にわたり教育と業務をさせていただいた，農業協同組合（以下，「JA」という。）関係は，業務が多岐にわたり，さまざまな業種の複合体となっており，結果としてさまざまな簿記手法を必要としている。これは一研究者として，常に興味深いものである。

そのような思いから，これから会計業務に携わる者，特にJA関係の皆様に，簿記の理論をしっかり理解してもらうために，本書の刊行を企画した。気が付けば自分も還暦を過ぎ，これまでの知識や経験も後進に伝えていくことも重要だと思い始めたので，本書は汐留パートナーズ税理士法人に所属する新進気鋭のメンバーにも執筆してもらうこととし，全体の監修は平野秀輔と前川研吾で行った。

本書が会計実務家を目指す読者の一助となれば幸いである。

2020年３月

銀座７丁目にて

平　野　秀　輔

はじめに

本書の監修を平野秀輔と共に行う中で，複式簿記というものの素晴らしさを再認識することとなった。複式簿記の誕生の歴史には諸説あるが，トスカーナの商人達が複式簿記を発達させたことは間違いなく人類最高の発明の1つともいわれる。

日米公認会計士として，顧客の海外進出を支援する中で，また，海外の会計事務所とビジネスを行う中で，外国人と会計方針や会計処理について議論をすることがある。その際にも常に共通言語となるものが複式簿記である。左は借方，右は貸方，というのは世界共通のルールである。プラスは借方，マイナスは貸方，と会計ソフト内において形を変えることもあるが，複式簿記は会計実務家の必須ツールであるし，これからもその流れはしばらく続くことだろう。

近年欧米の会計基準が目まぐるしく変わり，その影響を受け日本の会計基準や税法に対しても頻繁な改正が行われている。多くの会計実務家も改正についてキャッチアップしていくことが大変な時代にある。世の中の変化に柔軟に対応していくことがこれからの時代において非常に重要であるのは言うまでもないが，そのような時にも会計実務家は常に本質を理解したうえで，取引を正確に認識し日々の会計上の処理を行っていくことが求められる。

最も早い複式簿記の例としてはヨーロッパ各地で取引をしていたRinieri Fini brother firm（1296）の帳簿か，フィレンツェとプロヴァンス間で取引をしていたFarolfi merchant house（1299-1300）の帳簿であるとされるが，不思議なことにそれ以降数百年もの長い間，複式簿記は世界で生き続けている。会計実務に携わっている方，これから携わる方が複式簿記を学ぶことには多くのメリットがある。願わくば，すべてのビジネスマンに知っておいてほしいものでもあり，企業をはじめとした事業体の資産・負債・純資産・収益・費用の内容や構成を理解することで，より良い意思決定を行うことの一助になるのではないか。

本書が会計実務家をはじめとしたビジネスマンの方々の実務に役立つことを祈りつつ，本書の刊行にあたりご尽力いただいた白桃書房の皆様にこの場を借りて心から感謝の意を表したい。

2020年４月

銀座７丁目にて

前　川　研　吾

目　次

第Ⅱ編　JA の簿記

第Ⅰ編

簿記の理論編

第1章　簿記とは何か

1　簿記の意義

ここではまず，「簿記」の意味と目的・役割について述べていく。

(1)　簿記の意味と目的・役割

簿記とは，「帳簿記入」の略語として使用されている[1]もので，英語では「Book Keeping[2]」といわれている。企業で行われる経済行為は，一定の法則によってその企業の取引要素ごとに集めて計算し，これを利害関係者（企業活動によって影響を受ける者[3]）に報告しなければならない。この一連の行為を会計というが，その計算のためには会計事実を帳簿に記録する必要があり，その記録方法を簿記といっている[4]。

① 簿記を行う目的

簿記を行う目的には次のようなものがある。

1）財産管理目的

簿記を行うことによって，企業（個人を含む）の財産が，いつの時点でどれほど存在し，どのように変化したかということが明らかになる。

2）経営成績の算定目的

簿記を行うことによって，企業の一定期間の経営成績がどのようであったかを，収益と費用[5]の概念を用いて，明らかにされる。

3）財政状態の表示目的

簿記を行うことによって，企業の一定の日における財政状態[6]（資産・負債・純資産[7]の状態）が明らかにされる。

② 簿記の役割

簿記という技術を使った結果として，貸借対照表・損益計算書などの「財務諸表[8]」が作成される。財務諸表は，その企業の状態を，その利用者である取引先・債権者・投資家（出資者）・従業員（職員）など広く社会に知らしめる役割を持っている。

2　簿記の種類

簿記の種類には，一般的に「単式簿記」と「複式簿記」があげられ，さらに複式簿記も細分されることがある。

⑴　単式簿記

単式簿記とは，現金がどのように増加（収入）し，どのように減少（支出）したかという，現金の収入（あるいは歳入）と支出（あるいは歳出）を記録対象とするものである。これは，官公庁などで行われる簿記の手法で，家計の簿記もこれに該当する。

⑵　複式簿記

複式簿記とは，一つの事実をその原因と結果という「二面」から捉らえ，これを両方とも記録対象とするものである。例えば，賃借している部屋の賃借料を普通預金から振込払いしたという事実は，単式簿記では賃借料という支出の記録しかなされないが，複式簿記では，賃借料だけでなく普通預金の減少という記録がなされる。つまり，一つの事実について複数の記録をすることから複式簿記といわれ，本書で扱う簿記もこれである[9]。

⑶　複式簿記の種類

複式簿記には，その企業の業種により商業簿記・工業簿記・銀行簿記・保険簿記・農協簿記など多様な種類がある。

3　簿記と会計

簿記会計という言葉もあるように，簿記と会計は同義語のように使われることもあるが，簿記は，簿記システム（簿記のルール及び体系）を通じて，利害関係者が必要とする会計情報（貨幣的情報）を表示する財務諸表を作成するため，あるいは財産管理を行うため，の「記録技術」である。一方，会計とは簿記によって記録された会計情報を測定し，解釈し，報告・監査・分析等をする「行為」であると考えられる。会計には「財務会計」と「管理会計」がある。

⑴　財務会計と管理会計の意義

財務会計とは，「企業外部の利害関係者に対して必要な会計情報を定期的」に報告するための会計であり，一般に「外部報告会計」といわれている。

これに対し，管理会計とは，企業内部の利害関係者に対して必要な会計情報を，定期的なものだけでなく，必要に応じて「臨時的」にも報告するための会計であって，一般に「内部報告会計」といわれている。

⑵　財務会計の特徴

財務会計は，企業外部の利害関係者に対するものであるから，その内容は法令・規則等に従うことになり，その報告は継続的・規則的に行わなければならない。財務会計は，制度会計ともいわれている。

⑶　管理会計の特徴

管理会計は主として企業内部の利害関係者に対するものであるから，継続的・規則的な会計情報だけではなく，経営管理者の意思決定に役立つ臨時的・非定型的な会計情報をも報告することがある。管理会計は外部に報告するものではないので，その内容は個々の企業によって任意であり，統一性を強制されるものではない。

4　簿記で扱われる勘定の分類

簿記は「勘定」といわれる計算単位と，「金額」の両者を使用して行われる。

「勘定」については後述するが，これは「資産・負債・純資産・収益・費用」の五つのいずれかの性質に分類される。そして，資産・負債・純資産は，「貸借対照表」という表に，収益・費用は「損益計算書」という表に，それぞれまとめられ，これを用いて企業の利害関係者への報告とされる。

勘定 ｛
資産・負債・純資産
　　貸借対照表にまとめられる
収益・費用
　　損益計算書にまとめられる

注

1　[武田隆二，1996] 4頁

2　[西川孝治郎，1964] 39頁によれば，「わが国では西洋簿記の伝来以前から，固有のやり方で帳簿記入が行われていた。大日本史にはこれを「簿帳の法」と書いてあるが，街中では「帳合」と称していた。(中略)「帳合」をブックキーピングの訳語として用いたのは，福沢先生が初めてである。」としている。これは1873年に刊行された「帳合之法」[福沢諭吉，1873] を指していると考えられる。また同頁では「簿記という字は，英語のブックキーピングを，最初ブッキーと略し，それがブキになり，ボキとなったのに，当てはめたものだという人があるが，茶話に過ぎないことは明らかである。」としている。

3　「ステークホルダー」ともいう。

4　[横山和夫，1998] 3頁の記述を参考とした。

5　詳しくは第2章3参照。

6　「財産状態」といわれることもある。

7　詳しくは，第2章1参照。

8　会社法では「計算書類」といい，一般には「決算書」ともいわれる。

9　ただし，コンピュータを利用した簿記については，出力された書類が複式簿記と同様な形をしていても，その計算原理が必ずしも複式簿記とはなっていないものもある。

(平野秀輔)

第2章　複式簿記の基礎と簿記一巡の手続

本章からは，複式簿記の基礎について説明する。まず，資産・負債・純資産の概念，そして，それらを一覧表示する「貸借対照表」の構造，さらにそれが表す内容について，理解してもらうことが中心となる。

1　資産・負債・純資産の意義

(1)　資産の意義

簿記でいう「資産」とは，経済的な価値のあるもので，かつ「金銭で評価（金額として表せること)」できるものをいう。一方，価値があっても金銭で評価できないもの，例えば，企業に勤務している有能な人材などは，簿記でいう資産とはならない[1]。そして，有形（目に見える）のものだけではなく，債権や，特許権などの法律上の権利も資産に含められる。

(2)　負債の意義

企業は銀行などの金融機関や，取引先，さらには出資者から資金を集めて活動する。ここで負債とは，集めた資金（資金を集めることを「資金調達」という）のうち，将来に返済が必要なものをいう[2]。

資金調達のうち返済が必要なものは金融機関等からの借入れだけではない。例えば，メーカーから商品を仕入れて未だ代金が支払われていない状況は，メーカーから資金を借りているのと同じ状況であり，簿記では負債として扱われる。また，このような法律上の債務の他に，金銭その他経済的な価値を将来において外部に引き渡す義務があると認められるものも，負債として見積計上することがある。なお，「計上」とは，一定の根拠に基づいて金額を計算し，帳簿に記入することをいう。

(3)　純資産の意義

純資産は資産と負債の差額である[3]。それには資本とそれ以外のものがあるが，ここでは資本についてのみ述べることとする。

資本とは，企業が集めた資金のうち，返済が不要なものをいう[4]。すべての企業は事業を行っており，その元手となる資金のことを，「資本金」とよぶ[5]。

ここで注意するのは，出資者から集めた資金だけでなく，企業が得た利益も資本に入るということである。例えば，出資者から集めた資金20,000円（資本金）で商品を仕入れ，それを30,000円で販売したとする。企業は事業を反復するので，この30,000円で再び商品を仕入れることができる。すると，当初の20,000円だけでなく利益の10,000円（30,000円－20,000円）も資金として使えることになり，返済不要の資金調達を行った状態と同様になる。つまり利益は資本となるのである。

2　複式簿記の二面性と貸借対照表

ここでは複式簿記を理解するために，「ある事象」が資産，負債及び資本のいずれかを用いて二面から捉えられることを説明する。

（例１）　Ｓ社が設立され，資本金（返済不要）300,000円が普通預金口座に入金された。

この状態を複式簿記の二面性から考えると次のようになる。

Ａ　普通預金300,000円を持っている。

Ｂ　事業を行うために，普通預金300,000円を資本金として受け入れた。

ここでＡは目に見える状態を，Ｂはその理由を示している。便宜的にＡを左側にＢを右側に並べて書いてみる。

普通預金を300,000円持っている。	事業を行うために，300,000円を資本金として受け入れた。

目に見える状態（例外はある）のことを「運用形態」といい，これは資産のことを意味する。そして，それが何故存在しているかという理由（内訳）のことを「調達源泉」という。

このように複式簿記では一つの事実を常に二面から考える。これを簡潔に一覧表にしたものを「貸借対照表（Balance Sheet, B/S）」という。

そして簿記では資産を左側に，資本を右側に書くルールがある。それでは，この段階での貸借対照表を作成すると次のようになる。

貸借対照表

（単位：円）

普通預金	300,000	資本金	300,000

つまり，Ｓ社がこの時点において有している資産は普通預金の300,000円であり，その資金調達は返済不要な資本（資本金）で全額が賄われている，ということがこの貸借対照表から読み取れることになる。

（例２）　事業のため，追加資金が必要と考え，銀行より150,000円を借り入れ，普通預金に入金した。

この行為を複式簿記的に二面から考えると次のようになる。

Ａ　普通預金150,000円が増加した。

Ｂ　銀行より借入れを150,000円行った。

ここまでで，目に見える状態とその理由を一覧にするが，（例１）の状態が引き継がれている，とすると次のようになる（以下，全て連続していると考える）。

・普通預金を450,000円持っている。	・銀行より借入れを150,000円している。 ・事業を行うために，300,000円を資本金として受け入れている。

すると資産（普通預金）450,000円については，（例１）から金額が増加しただけであるが，資金の調達側では大きな違いが見られる。すなわちこの段階のＳ社では，資本金300,000円のほかに，他人から調達した「返済を必要とする資金」である負債150,000円が増加している。負債も資金調達になるから，資本と同じように右側に書くルールがある。それではまた貸借対照表を作成してみよう。

貸借対照表

（単位：円）

普通預金	450,000	借入金	150,000
		資本金	300,000
合計	450,000	合計	450,000

これを見ると，現在の資金調達は450,000円であり，その内訳は返済が必要な借入金（負債）と，返済が不要な資本金（資本）であることが明示される。そしてその資金は普通預金450,000円として，S社で運用（企業資金として）されている。

さて，貸借対照表を作成すると当然のことながら

「資産＝負債＋資本（純資産）」

という等式が成り立つ。これを「貸借対照表等式」というが，同じものを二つの方向から見ただけだから，この等式が成り立つのは至極当然である。

なお，簿記では，向かって左側を「借方」といい，右側を「貸方」という。このように貸借対照表は常に次のような形式となる。

貸借対照表 B/S（Balance Sheet）

資産	負債
	資本（純資産）

（例3） 本社用の事務所を借り，保証金（退出時に返還される）100,000円を普通預金から振り込んだ。

この行為を二面から考えると次のようになる。

A 保証金（将来返還される＝換金される＝資産）100,000円を差し入れた。

B 普通預金が100,000円減少した。

ここで，資産である普通預金は450,000円から100,000円減少したので，

350,000円となる。そして，将来返還される保証金（差入保証金という）100,000円が新たな資産となる。ただし，資金調達側（貸方）は何も変化がない。ここまでの状態を二面からみると以下のようになる。

・普通預金を350,000円持っている。 ・将来返還される保証金を100,000円差し入れた。	・銀行より借入れを150,000円している。 ・事業を行うために，300,000円を資本金として受け入れている。

それではまた貸借対照表を作成してみよう。

貸借対照表

（単位：円）

普通預金	350,000	借入金	150,000
差入保証金	100,000	資本金	300,000
合計	450,000	合計	450,000

このように，資金調達を示す負債・資本の合計額は450,000円であり，（例2）から変動はなく，資金運用側の資産の内容が変化したことになる。

（例４）　メーカーから商品200,000円を仕入れて，代金は翌々月末払いとした。

この行為をまた二面から考えると次のようになる。

A　商品（資産）200,000円を仕入れた。

B　商品の代金200,000円は支払っていない。ただし，メーカーには翌々月末に支払うことになっている。

Bは，メーカーから資金調達をしていることになり，返済が必要なことから負債を負っていることになる。このように仕入れた代金で支払いの済んでいないものを，簿記では「買掛金」として扱う。

この時点での状態を二面から考えると以下のようになる。

・普通預金を350,000円持っている。 ・商品が200,000円ある。 ・将来返還される保証金を100,000円差し入れた。	・メーカーに買掛金200,000円がある。 ・銀行より借入れを150,000円している。 ・事業を行うために，300,000円を資本金として受け入れている。

ここで，メーカーから200,000円の資金調達（返済が必要＝負債）をしたので，資金調達の合計額（負債＋資本）は650,000円となり，それは，普通預金350,000円，商品200,000円，差入保証金100,000円という形で運用されている，ということになる。それでは，この状態の貸借対照表を作成してみよう。

貸 借 対 照 表

（単位：円）

普通預金	350,000	買掛金	200,000
商品	200,000	借入金	150,000
差入保証金	100,000	資本金	300,000
合計	650,000	合計	650,000

（例５） 商品のうち160,000円を小売店に240,000円で販売し，代金は翌月末に受け取ることになった。

この行為を二面から考えると以下のようになる。

A 小売店から翌月末に240,000円入金されることになった。

B 商品が160,000円減少した。利益80,000円（240,000円－160,000円）が生じた。

Aについてみると，小売店に販売して，入金はしていないが，将来に入金されることが決定したので，債権（請求できる権利）が生じたことになり，これは将来換金できることから資産となる。このように販売代金で入金の済んでいないものを，簿記では「売掛金」とする。

Bについてみると，販売代金の見返りとして商品160,000円を小売店に渡したので，商品という資産は減少する。また，販売代金240,000円と商品代金160,000円の差額が，利益（後述）として計算される。

この時点での状態を二面から考えると以下のようになる。なお，商品は

200,000円から160,000円減少するので，40,000円になる。

・普通預金を350,000円持っている。 ・売掛金240,000円がある。 ・商品が40,000円ある。 ・将来返還される保証金を100,000円差し入れた。	・メーカーに買掛金200,000円がある。 ・銀行より借入れを150,000円している。 ・事業を行うために，300,000円を資本金として受け入れている。 ・利益が80,000円生じた。

資産（運用）の合計は，350,000円＋240,000円＋40,000円＋100,000円＝730,000円となり，（例4）までの調達源泉（負債＋資本）である650,000円を80,000円上回ることになる。この資産の増加分は，他人より借り入れた金額ではないから返済の必要がない。よって，資金調達として考えると「資本」になる。しかし資本といっても元々あったものでなく，事業によって得たものであり，これを利益という。では，貸借対照表を作成してみよう。

貸借対照表

（単位：円）

普通預金	350,000	買掛金	200,000
売掛金	240,000	借入金	150,000
商品	40,000	資本金	300,000
差入保証金	100,000	利益	80,000
合計	730,000	合計	730,000

（例6）　事務所の賃借料50,000円を普通預金から支払った。

この行為を二面から考えると以下のようになる。

A　賃借料50,000円を支払った。

これは将来にわたって回収（入金）されないから，利益の減少となる。

B　普通預金50,000円が減少した。

Aについてみると，普通預金から出金したが，将来にわたってこの金額は回収されないので，資産とはならない。すると，利益のマイナスとして考えられる。

この時点での状態を二面から考えると以下のようになる。普通預金は，350,000円から50,000円減少するので，300,000円になる。

・普通預金を300,000円持っている。 ・売掛金240,000円がある。 ・商品が40,000円ある。 ・将来返還される保証金を100,000円差し入れた。	・メーカーに買掛金200,000円がある。 ・銀行より借入れを150,000円している。 ・事業を行うために，300,000円を資本金として受け入れている。 ・利益は30,000円（80,000円－50,000円）となった。

では，貸借対照表を作成してみよう。

貸借対照表

（単位：円）

普通預金	300,000	買掛金	200,000
売掛金	240,000	借入金	150,000
商品	40,000	資本金	300,000
差入保証金	100,000	利益	30,000
合計	680,000	合計	680,000

このように，利益に対してマイナス要因が生じると，資金調達側の資本（利益）が減少する。また，この例では，普通預金が減少したので，資産（資金運用額）も減少する。

3　費用・収益と損益計算書

⑴　費用の意義

企業はその経営のために，金銭をはじめとしてさまざまな経済的な価値を使用し，または消失することになる。そして，それによって外部からそれ以上の経済的な価値を獲得することに努める。使用もしくは消失した経済的な価値の額を，用途ごとに分類して測定したものを「費用」という。

費用は企業の経済価値の減少であるので，結果として資本を減少させる原因になる。また，費用のうち，次の⑵に述べる収益の獲得とは関係がなく生じるもの（例えば，盗難・災害による被害など）は，「損失」とよばれることがあるが，簿記の学習においては，これも単純に費用と考えてよい。

⑵　収益の意義

外部から獲得する経済的な価値を「収益」という。収益は企業の経済的な価値の増加であり，結果として資本を増加させる原因となる。収益と利益は日常用語として混同されるきらいがあるが，会計において利益とは収益から費用を引いて求められるものである。

つまり，利益を計算するにあたり，プラスの要因を収益といい，マイナスの要因が費用ともいえる[6]。

⑶　損益計算書の意義

さて，「２」で示した貸借対照表に戻って，利益について考えてみよう。そこでは最終的な利益30,000円は，（例５）において160,000円の商品を240,000円で販売し，いったん80,000円の利益が計算されたが，（例６）において，そこから賃借料50,000円を支払った結果として計算された。しかしながら，貸借対照表では，その30,000円は資産合計730,000円から負債合計350,000円を控除した資本330,000円が求められ，そこから資本金300,000円との差額として示されているのみである（このように，ある一定時点の資本を比較して利益を算定する方法を，「財産法」という）。

つまり利益は，（例４）までの資本と（例６）までの資本との差額としても算定でき，貸借対照表だけ見た者は，（例５）と（例６）の内容については把握することができないので，この利益がどのような過程をもって計算されたかはわからないことになる。表示されている利益がどのように算定されたか，も重要な情報であるから，このために，収益と費用の概念を用いて「損益計算書（Profit and Loss Statement, P/L[7]）」という表が作成される。

では，（例５）と（例６）を再び見ながら収益と費用を考えてみよう。

（例５）　商品のうち160,000円を小売店に240,000円で販売し，代金は翌月末に受け取ることになった。

この行為は貸借対照表においては次のように考えた。

A　小売店から翌月末に240,000円入金されることになった。

B　商品が160,000円減少した。利益（240,000円－160,000円）が生じた。

これを収益（利益を計算する場合のプラス）と費用（利益を計算する場合のマイナス）の概念を用いると次のように考えられる。

（費用） ・商品が160,000円減少した。 →資産としての商品が，利益を計算する場合のマイナス要因である「売上原価（販売した商品の原価）」という費用160,000円に変わった。 ・収益と費用の差額として，利益80,000円が計算された。（収益）	・販売により利益を計算する場合のプラス要因である「売上」という収益240,000円が発生した。

ここで，利益は収益と費用の差額として計算されるが，それは貸借対照表においては，資本となるため，貸方側（右側）に記載された。この考え方をそのまま用いると，資本（利益）のプラス要因である収益は貸方，マイナス要因である費用は借方（左側）に記載されることになる。それでは上記の表を損益計算書という表にしてみよう。

（費用）		（収益）	
売上原価	160,000	売　　上	240,000
利　　益	80,000		

損益計算書においては，収益＞費用の場合に利益が計算されるため，貸借対照表とは反対側の，右側（借方）に利益が記載されることになる。

（例６）　事務所の賃借料50,000円を普通預金から支払った。

この行為は貸借対照表においては次のように考えた。

A　賃借料50,000円を支払った。

これは将来にわたって回収（入金）されないから，利益の減少となる。

B　普通預金50,000円が減少した。

これを収益と費用の概念から考えると，次のようになる。

（費用）	（収益）
・普通預金が50,000円減少した。 →資産としての普通預金が，利益を計算する場合のマイナス要因である 「賃借料」 という費用50,000円に変わった。 ・収益と費用の差額として，利益が50,000円減少した（結果として30,000円になった）。	・０円が発生した。

それでは（例５）と（例６）を合わせて，損益計算書にしてみよう。

（費用）		（収益）	
売上原価	160,000	売　　上	240,000
賃 借 料	50,000		
利　　益	30,000		

このようにして，貸借対照表と同額の30,000円が損益計算書においても利益として表示される。そこでは，240,000円の売上（収益）が計算され，その商品原価が160,000円であり，さらに賃借料50,000円を控除した結果として，利益が30,000円と計算されたことが，損益計算書を見た者に伝えられることになる（ここでは利益を「収益-費用」という算式で求めている。このような利益の算定方法を「損益法」といい，貸借対照表で説明した「財産法」と対比される計算方法である。）。

繰り返すが，収益は貸方，費用は借方に記載されるため，差額としての利益は，貸借対照表とは反対側の借方に表示される。

4　試算表

第１章において，「簿記という技術を使った結果として，貸借対照表・損益計算書などの「財務諸表」が作成される」と述べた。簿記という技術を使って記帳するためには，貸借対照表と損益計算書が合算された「試算表[8]」について理解する必要がある。

ここで，2及び3で作成された貸借対照表と損益計算書を，表題部と合計欄を削除して上下に組み合わせてみる。

（資産）		（負債）	
普通預金	300,000	買掛金	200,000
売掛金	240,000	借入金	150,000
商品	40,000	（資本）	
差入保証金	100,000	資本金	300,000
		利益	30,000
（費用）		（収益）	
売上原価	160,000	売上	240,000
賃借料	50,000		
利益	30,000		

次に，貸借対照表において表示されている利益（貸方）と，損益計算書において表示されている利益（借方）を相殺して，合計を表示すると次のようになる。

（資産）		（負債）	
普通預金	300,000	買掛金	200,000
売掛金	240,000	借入金	150,000
商品	40,000	（資本）	
差入保証金	100,000	資本金	300,000
		（収益）	
（費用）		売上	240,000
売上原価	160,000		
賃借料	50,000		
合計	890,000	合計	890,000

このように，貸借対照表と損益計算書が合算された形を「(残高) 試算表」といい，それは常に以下のような形になる。

(残高)試算表

資産	負債 資本（純資産）
	収益
費用	

5　簿記一巡の手続

ここまでの説明では次のような順序で試算表と貸借対照表，損益益計算書の関係を示した。

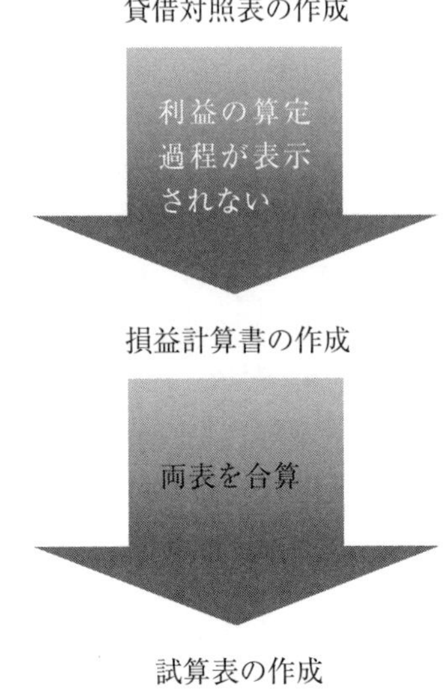

ただし，実際の簿記の手続では，貸借対照表を取引（資産・負債・純資産・収益・費用の変動）の都度作成することはせずに，次のような手順で行われる。

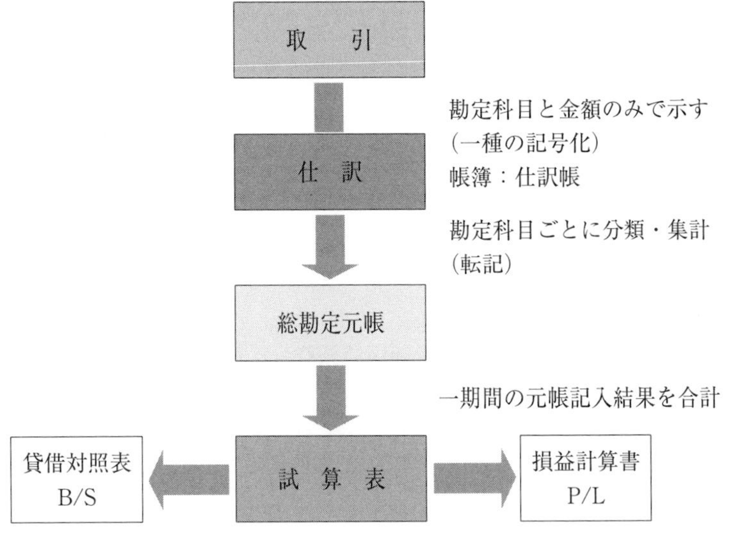

つまり，「取引」が発生する都度，それを「仕訳（記号化）」し，それを「勘定科目」ごとに集計することによって「総勘定元帳」が作成される。そ

して総勘定元帳の記載を試算表として集計し，出来上がった試算表を貸借対照表と損益計算書に分解することになる。

ここで，仕訳を記録しておく帳簿を「仕訳帳」といい，それを勘定科目ごとに集計した結果を記録する帳簿の総称を「総勘定元帳」という。両者を合わせて「主要簿」とよび，複式簿記の中心的な帳簿とされる。

6　取引・勘定科目・仕訳

ここでは，「取引」，「勘定科目」，仕訳について詳しく述べていく。

(1)　簿記上の取引の概念

簿記において記録を行う対象を「取引」という。

日常用語としての「取引」とは，物を売買したり，サービス（役務）を提供したり受けたりという行為のほかに，契約を結ぶとか交渉をするとかの行為も含めて使われている。しかしながら，簿記上の取引とは日常用語としての「取引」と同じではない。

簿記では資産・負債・純資産（貸借対照表の項目）及び収益・費用（損益計算書の項目）を扱う。

すると，資産・負債・純資産・収益・費用に影響を与えない事象は，簿記では「取引」として認識しないことになる。例えば，販売先と商品を送付する「約束（あるいは契約）」をしたという行為は，日常用語では取引と考えられるが，その段階で資産・負債・純資産・収益・費用が変動したと考えられない場合には，簿記上の「取引」ではない。

一方で，日常の取引とはいえないものも簿記では取引となる。例えば商品が盗難に遭ったとか，台風で建物が滅失したような事実は，日常用語で取引とはいわないが，簿記では，資産と費用が増減するために「取引」とされる。

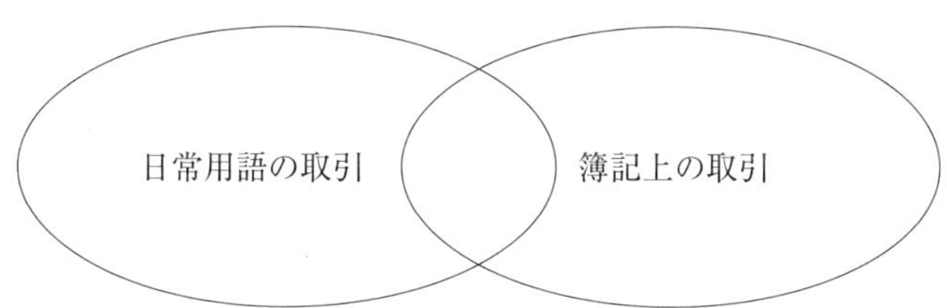

⑵　勘定と勘定科目

①　勘　定

簿記では記録の計算単位として貨幣額（金額）のほかに，「勘定」という記号を用いる。

勘定は一種の記号であり，例えば，普通預金に入金したという事実は「普通預金」という勘定の増加として表され，一方で普通預金から支払ったという事実は「普通預金」という勘定の減少として表される。さまざまな勘定，すなわち計算単位個々の内容を表現したものを「勘定科目」とよぶ。

②　勘定科目分類の体系

勘定科目は資産・負債・純資産に関するものと，費用・収益に関するものに大別される。

2及び3の（例1）から（例6）までに説明した項目を，改めて分類すると次のようになる。

資 産 勘 定	：	普通預金，売掛金，商品，差入保証金
負 債 勘 定	：	買掛金，借入金
純資産（資本）勘定	：	資　本　金
収 益 勘 定	：	売　　　上
費 用 勘 定	：	売上原価，賃借料

勘定科目は「資産・負債・純資産・費用・収益」の五つの概念を用いて，事業や扱う項目の性質，あるいは経営の規模に応じて使い易いように作成・分類されることになる。

⑶　貸借同額記入のルールと貸借平均の原理

「資産勘定・負債勘定・純資産勘定・費用勘定・収益勘定」の五つには，次に示すようにその増加（発生），減少（取消）を借方，貸方いずれに記入するかのルールがある。

まず複式簿記では，帳簿記入の際に，取引ごとに左右への記入が行われ，それぞれ左側を「借方」，右側を「貸方」とよぶことは既に述べた。そして，どのような項目であっても，マイナスの記入は行わず，あるいは増加と減少を直接的に減額相殺しないというルールがある。

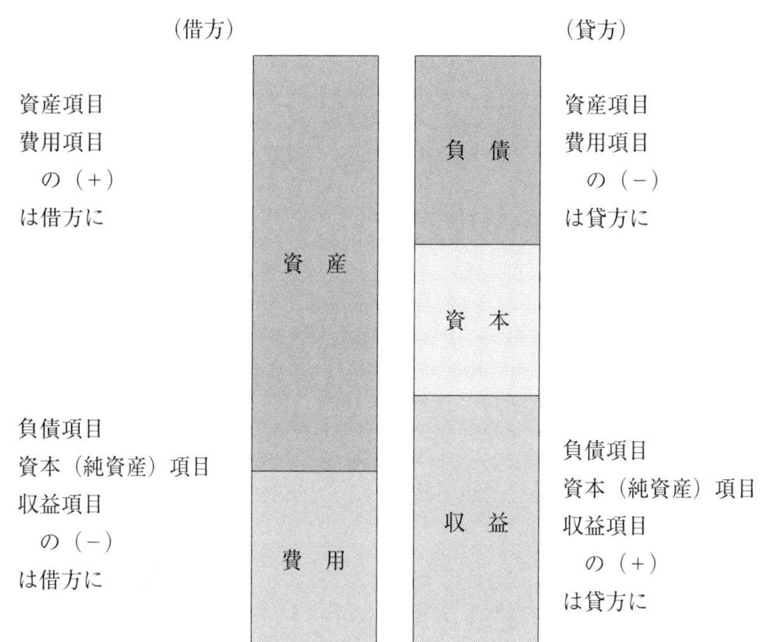

このルールを守ると，上記の試算表からの説明でも明らかなように各勘定の増加は，それが資産・費用の増加である場合には「借方」に記入し，減少は「貸方」に記入される。一方，負債・純資産・収益の増加である場合には「貸方」に記入し，減少は「借方」に記入される。

つまり，負債・純資産・収益は資産と反対になるので，負債・純資産の増加及び収益の発生が「貸方」に，減少及び取消は「借方」に記入されることになる。これを「貸借記入の原則」という。

複式簿記では，全ての取引が二面性をもって把握されるので，その記帳（帳簿へ記入すること）は，ある勘定の借方とある勘定の貸方に同額ずつ記録されることになる。よっていつの時点でも，全ての勘定について合計した「借方合計金額」と「貸方合計金額」は一致する。これを「貸借平均の原理」という。

すると，ある時点で全勘定の，借方合計と貸方合計が，仮に不一致であれば，取引の記録が誤っていたことが判明する。これを「複式簿記の自動検証機能」という[9]。

⑷ 仕訳の意義と法則

仕訳（しわけ）とは，簿記上の取引を勘定科目と金額を使って表すことをいい，仕訳を書いておく帳簿（ノート）のことを「仕訳帳」という。なお，仕訳には金額記号（円や￥など）を付けないのが一般的である。仕訳帳には，予め借方と貸方に記入欄が用意されているが，簿記や会計学の説明では，単に

（借方）勘 定 科 目　金　額　　　（貸方）勘 定 科 目　金　額

という形式で示されることが多い。

ここで，２及び３で扱った(例１)～(例６)までを，仕訳として示してみよう。

（例１）　Ｓ社が設立され，資本金（返済不要）300,000円が普通預金口座に入金された。

（借方）普 通 預 金　　300,000　（貸方）資　本　金　　300,000
－資産の増加－　　　　　　　　　－純資産の増加－

普通預金という資産が300,000円増加したので，(借方)側に「普通預金300,000」と記入し，資本金という純資産(資本)も300,000円増加したので，(貸方)側に「資本金　300,000」と記入することによって，「仕訳」とする。このように，取引の内容を示している文章を，勘定科目と金額によって，表現することを「仕訳を行う」といわれている。これにより，勘定科目と金額だけでその後の計算・集計が行われるようになる。

（例２）　事業のため，追加資金が必要と考え，銀行より150,000円を借り入れ，普通預金に入金した。

（借方）普 通 預 金　　150,000　（貸方）借　入　金　　150,000
－資産の増加－　　　　　　　　　－負債の増加－

普通預金という資産が150,000円増加したので，(借方)側に「普通預金150,000」と記入し，借入金という負債も150,000円増加したので，(貸方)側に「借入金　150,000」と記入することによって，仕訳とする。

（例３）　本社用の事務所を借り，保証金（退出時に返還される）100,000円を普通預金から振り込んだ。

（借方）差入保証金　　100,000　（貸方）普 通 預 金　　100,000
－資産の増加－　　　　　　　　　－資産の減少－

差入保証金という資産が増加したので，(借方)側に「差入保証金　100,000」と記入し，普通預金という資産が減少したので，(貸方)側に「普通預金　100,000」と記入する。このように，減少の項目は，増加の反対側（資産であれば貸方）に記入することによって表現する。

（例4）　メーカーから商品200,000円を仕入れて，代金は翌々月末払いとした。

(借方) 商　　品　200,000　(貸方) 買 掛 金　200,000
－資産の増加－　　　　　－負債の増加－

商品という資産が増加したので，(借方)側に「商品　200,000」と記入し，買掛金という負債が増加したので，(貸方)側に「買掛金　200,000」と記入する。

（例5）　商品のうち160,000円を小売店に240,000円で販売し，代金は翌月末に受け取ることになった。

(借方) 売 掛 金　240,000　(貸方) 売　　上　240,000
－資産の増加－　　　　　－収益の増加－

売掛金という資産が増加したので，(借方)側に「売掛金　240,000」と記入する。これは商品を240,000円で販売したことから生じたものだから，利益の計算上は＋項目となる。よって収益の増加（発生）となるから「売上」という勘定科目を用いて，(貸方)側に「売上　240,000」と記入する。

売上原価　160,000　商　　品　160,000
－費用の増加－　　　　　－資産の減少－

商品という資産が減少したので，(貸方)側に「商品　160,000」と記入する。これは，売上という収益を得るために相手側に引き渡した商品の金額であるから，利益の計算上は－項目となる。よって，費用の増加となるから「売上原価」という勘定科目を用いて，(借方)側に「売上原価　160,000」と記入する。このように，仕訳を考えるときは，借方・貸方のいずれの項目を先に考えても構わない。

（例6）　事務所の賃借料50,000円を普通預金から支払った。

(借方) 賃 借 料　50,000　(貸方) 普通預金　50,000
－費用の増加－　　　　　－資産の減少－

普通預金という資産が減少したので，(貸方)側に「普通預金　50,000」と記入する。これは，賃借料の支払によるものである。よって，費用の増加となるから「賃借料」という勘定科目を用いて，(借方)側に「賃借料　50,000」と記入する。

ここで，仕訳が記入される帳簿である「仕訳帳」の一例を示すと次頁のようになる。日付欄は，本来は当該取引日を記入するが，ここでは便宜的に，(例)の番号を記入している。

仕　訳　帳

日付	摘　要	元帳 ※1	借方	貸方
1	(普通預金) ※2	1	300,000	
	(資 本 金)	7		300,000
	資本金が普通預金に入金された。※3			
2	(普通預金)	1	150,000	
	(借 入 金)	6		150,000
	銀行より借入を行った。			
3	(差入保証金)	4	100,000	
	(普通預金)	1		100,000
	事務所の保証金を振り込んだ。			
4	(商　　品)	3	200,000	
	(買 掛 金)	5		200,000
	メーカーより商品を仕入れた。			
5	(売 掛 金)	2	240,000	
	(売　　上)	9		240,000
	(売上原価)	10	160,000	
	(商　　品)	3		160,000
	商品を販売し，代金は掛けとした。			
6	(賃 借 料)	11	50,000	
	(普通預金)	1		50,000
	事務所の賃借料を支払った。			
	仮　　　　計 ※4		1,200,000	1,200,000

※1　元帳欄には，仕訳を転記する総勘定元帳の頁（もしくは勘定の番号）が記入される。以下の説明では，普通預金をNo.1，以下，資産・負債・純資産・収益・費用の順で，売掛金No.2，商品No.3，差入保証金No.4，買掛金No.5，借入金No.6，資本金No.7，売上No.9，売上原価No.10，賃借料No.11とする。この採番については各企業の状況やその規模によってそれぞれ異なることになる。

※2　仕訳を記入する場合，このように勘定科目名を（　）でくくることもある。

※3　このように仕訳の説明を記入することを「小書き」という。これは必ずしも記入されなければならないものではなく，また，記載方法も定まったものはない。

※4　ここで「合計」としないで「仮計」としているのは，「9　帳簿の締め切り」で述べるように，この後に仕訳が必ず追加されるからである。

(5) 仕訳から総勘定元帳への記入

勘定科目ごとに取引の記録をまとめた帳簿は「元帳」とよばれ，すべての元帳を集めたものを「総勘定元帳」とよんでいる。元帳の様式には様々なものがあるが，ここでは比較的簡略した以下の形で示すこととする。

勘 定 科 目 名　　頁

借 方			貸 方		
日付	相手科目	金 額	日付	相手科目	金 額

また，これをさらに簡略化したものとして，以下のフォームが，会計の解説書等でしばしば用いられている。これをTフォームという。

(勘定科目名)

相手勘定科目名　金 額	相手勘定科目名　金 額

仕訳帳から元帳に取引を書き写すことを簿記では「転記」とよんでいる。転記は以下のように行われる。また，転記の際に仕訳帳の元帳欄に番号を付すようにすると，「転記漏れ」の有無を確認できると，手書きの簿記では考えられている。

(例1)(借方) 普通預金 300,000　(貸方) 資 本 金 300,000

普 通 預 金　　No. 1

借 方			貸 方		
日付	相手科目	金 額	日付	相手科目	金 額
1	資 本 金	300,000			

資 本 金　　No. 7

借 方			貸 方		
日付	相手科目	金 額	日付	相手科目	金 額
			1	普 通 預 金	300,000

上記の取引をすべて記載した総勘定元帳は次のようになる。

普　通　預　金　No.1

借方			貸方		
日付	相手科目	金　額	日付	相手科目	金　額
1	資　本　金	300,000	3	差入保証金	100,000
2	借　入　金	150,000	6	賃　借　料	50,000

売　掛　金　No.2

借方			貸方		
日付	相手科目	金　額	日付	相手科目	金　額
5	売　　上	240,000			

商　　品　No.3

借方			貸方		
日付	相手科目	金　額	日付	相手科目	金　額
4	買　掛　金	200,000	5	売上原価	160,000

差入保証金　No.4

借方			貸方		
日付	相手科目	金　額	日付	相手科目	金　額
3	普通預金	100,000			

買　掛　金　No. 5

借方			貸方		
日付	相手科目	金　額	日付	相手科目	金　額
			4	商　品	200,000

借　入　金　No. 6

借方			貸方		
日付	相手科目	金　額	日付	相手科目	金　額
			2	普通預金	150,000

資　本　金　No. 7

借方			貸方		
日付	相手科目	金　額	日付	相手科目	金　額
			1	普通預金	300,000

売　上　No. 9

借方			貸方		
日付	相手科目	金　額	日付	相手科目	金　額
			5	売掛金	240,000

売上原価　No. 10

借方			貸方		
日付	相手科目	金　額	日付	相手科目	金　額
5	商　品	160,000			

賃　借　料　No.11

借方			貸方		
日付	相手科目	金　額	日付	相手科目	金　額
6	普通預金	50,000			

各勘定科目の元帳は，取引が記載されているだけでなく，現時点で各勘定科目の金額がいくら残っているかを計算することができる。例えば，普通預金の借方合計は300,000＋150,000＝450,000円，貸方合計は100,000＋50,000＝150,000円である。ここで借方から貸方を引くと450,000－150,000＝300,000円となり，現時点で300,000円の普通預金を所有していることがわかる。このように各勘定の借方と貸方の差額のことを「残高」とよび，多い方の側に残高があるという。上記の元帳からすると，普通預金は借方の方が多いから，借方残高300,000円といい，資本金は貸方残高300,000円という。

7　合計試算表と残高試算表

(1)　合計試算表の作成

それでは，各勘定科目の借方合計額と，貸方合計額を単純に集計する「合計試算表」，を作成してみよう。ここでは次頁のような様式の合計試算表を作成してみる。

合計試算表

借方金額	勘定科目	貸方金額
	普通預金	
	売掛金	
	商品	
	差入保証金	
	買掛金	
	借入金	
	資本金	
	売上	
	売上原価	
	賃借料	
	合計	

各元帳から合計試算表を作成するには以下のように行われる。

普通預金

借方			貸方		
日付	相手科目	金額	日付	相手科目	金額
1	資本金	300,000	3	差入保証金	100,000
2	借入金	150,000	6	賃借料	50,000

合計金額 450,000

合計金額 150,000

合計試算表

借方金額	勘定科目	貸方金額
450,000	普通預金	150,000

そして，すべての元帳から合計試算表を作成すると次のようになる。

借方金額	勘定科目	貸方金額
450,000	普通預金	150,000
240,000	売掛金	
200,000	商品	160,000
100,000	差入保証金	
	買掛金	200,000
	借入金	150,000
	資本金	300,000
	売上	240,000
160,000	売上原価	
50,000	賃借料	
1,200,000	合計	1,200,000

ここで，合計試算表の合計金額1,200,000円は，仕訳帳の仮計金額1,200,000円と一致する。ここからも，記帳及び転記の妥当性を検証できるとされている。

仕訳帳仮計　1,200,000 ＝ 合計試算表合計　1,200,000

(2)　合計残高試算表の作成

各勘定の借方と貸方の差額のことを「残高」とよぶことは既に述べた。ここで，合計試算表に，借方金額と貸方金額の差額も記載した表を「合計残高試算表」といい，それを示すと，次頁のようになる。各残高欄は借方金額と貸方金額の差額であり，多い方の側に記載される。

合計残高試算表

借方残高	借方金額	勘定科目	貸方金額	借方残高
300,000	450,000	普通預金	150,000	
240,000	240,000	売掛金		
40,000	200,000	商品	160,000	
100,000	100,000	差入保証金		
		買掛金	200,000	200,000
		借入金	150,000	150,000
		資本金	300,000	300,000
		売上	240,000	240,000
160,000	160,000	売上原価		
50,000	50,000	賃借料		
890,000	1,200,000	合計	1,200,000	890,000

(3) 残高試算表

合計残高試算表の残高欄のみを記載したものが，「残高試算表」となり，これが貸借対照表と損益計算書の基礎となるものである。

残高試算表 ①

借方残高	勘定科目	貸方残高
300,000	普通預金	
240,000	売掛金	
40,000	商品	
100,000	差入保証金	
	買掛金	200,000
	借入金	150,000
	資本金	300,000
	売上	240,000
160,000	売上原価	
50,000	賃借料	
890,000	合計	890,000

残高試算表の形式には多数があるが，本書で用いる形式は上記のほかに，以下の二つがある。これらは表示形式が異なるだけで，内容は変わらない。

残高試算表 ②

勘定科目	借方残高	貸方残高
普通預金	300,000	
売掛金	240,000	
商品	40,000	
差入保証金	100,000	
買掛金		200,000
借入金		150,000
資本金		300,000
売上		240,000
売上原価	160,000	
賃借料	50,000	
合計	890,000	890,000

残高試算表 ③

借方勘定科目	借方残高	貸方勘定科目	貸方残高
普通預金	300,000	買掛金	200,000
売掛金	240,000	借入金	150,000
商品	40,000	資本金	300,000
差入保証金	100,000	売上	240,000
売上原価	160,000		
賃借料	50,000		
合計	890,000	合計	890,000

8　残高試算表から貸借対照表と損益計算書を作成

それでは，残高試算表を貸借対照表（BS）と損益計算書（PL）に分解してみよう。

残高試算表 ③

借方勘定科目	借方残高	貸方勘定科目	貸方残高
普通預金	300,000	買掛金	200,000
売掛金	240,000	借入金	150,000
商品	40,000	資本金	300,000
差入保証金	100,000		
売上原価	160,000	売上	240,000
賃借料	50,000		
合計	890,000	合計	890,000

BS ↑　PL ↓

貸借対照表（B/S）

借方勘定科目	借方残高	貸方勘定科目	貸方残高
普通預金	300,000	買掛金	200,000
売掛金	240,000	借入金	150,000
商品	40,000	資本金	300,000
差入保証金	100,000	当期純利益	30,000
合計	680,000	合計	680,000

損益計算書（P/L）

借方勘定科目	借方残高	貸方勘定科目	貸方残高
売上原価	160,000	売上	240,000
賃借料	50,000		
当期純利益	30,000		
合計	240,000	合計	240,000

このようにして，複式簿記の技術を用い，取引を仕訳し，総勘定元帳に転記し，試算表を作成し，それを分解することによって，貸借対照表と損益計算書を作成することができる。

9　帳簿の締め切り

さて，ここまでの説明では，簿記の仕組みを理解してもらうことに重点を置いてきたが，手書きの簿記では，一会計期間（通常1年）の帳簿記入を終えるために，帳簿の締め切りという手続きが必要になる。貸借対照表や損益計算書などの財務諸表を作成し，一会計期間の帳簿記入をすべて終了させることを「決算」という。

電算化されている実務では，帳簿締め切りはデータ更新というオペレーションとなり，特に技術的な問題は生じないが，手書きの簿記では以下のような手順でこれを行う。

1)　収益及び費用勘定の記入結果を，「損益」という勘定科目を用いて仕訳するとともに関連する元帳を締め切る。

2)　損益勘定の差額を純資産（資本）に振り替える仕訳を作成する。

3)　資産・負債・純資産の元帳を締め切る。

4)　仕訳帳を締め切る。

3)の手続では帳簿締め切り時に仕訳を行わず元帳だけで締め切りを行う「英米法」と，収益及び費用と同様に，仕訳を作成して元帳を締め切る「大陸法」がある[10]が，本文では英米法によって説明を行う。

(1)　収益及び費用の勘定について，損益勘定を用いて締め切る

まず，収益の売上勘定を見てみよう。

売　　上　　No.9

借方			貸方		
日付	相手科目	金　額	日付	相手科目	金　額
			5	売 掛 金	240,000

ここで，総勘定元帳の締め切りは，借方・貸方金額を同額記入するルールがある。

そこで，「損益」という決算時のみに使われる勘定科目を用いて，売上勘定の貸方残高240,000円を，その借方に記入するため以下のような仕訳を行う。なお，決算の日付は便宜的に7とする。

（借方）売　　上　240,000　（貸方）損　　益　240,000

これを売上の元帳に転記すると以下のようになる。

売　　上　No.9

借方			貸方		
日付	相手科目	金　額	日付	相手科目	金　額
7	損　　益	240,000	5	売 掛 金	240,000

これで，売上の元帳は240,000円で貸借一致するので，これ以上記入ができないように，金額欄に二重線を引き，元帳を締め切る。

売　　上　No.9

借方			貸方		
日付	相手科目	金　額	日付	相手科目	金　額
7	損　　益	240,000	5	売 掛 金	240,000

次に費用の勘定である，売上原価と賃借料を見てみよう。

売 上 原 価　No.10

借方			貸方		
日付	相手科目	金　額	日付	相手科目	金　額
5	商　　品	160,000			

賃　借　料　No.11

借方			貸方		
日付	相手科目	金　額	日付	相手科目	金　額
6	普通預金	50,000			

ここでも「損益」を用いて，売上原価勘定の借方残高160,000円及び賃借

料勘定の借方残高50,000円を，その貸方に記入するため以下のような仕訳を行う。

(借方) 損　　益　160,000　(貸方) 売上原価　160,000
　　　 損　　益　 50,000　　　　 賃 借 料　 50,000

この場合，借方勘定科目は同じであるため，仕訳は以下のようにまとめてもよい。

(借方) 損　　益　210,000　(貸方) 売上原価　160,000
　　　　　　　　　　　　　　　　 賃 借 料　 50,000

売上原価と賃借料勘定に，上記の仕訳を転記し，締め切りを行うと以下のようになる。

売　上　原　価　　No.10

借	方		貸	方	
日付	相手科目	金　額	日付	相手科目	金　額
5	商　　品	160,000	7	損　　益	160,000

賃　借　料　　No.11

借	方		貸	方	
日付	相手科目	金　額	日付	相手科目	金　額
6	普通預金	50,000	7	損　　益	50,000

次に，仕訳で用いた「損益」も当然に元帳に記入される。ここまでの仕訳を損益勘定に転記すると次のようになる。ここでは損益の元帳番号をNo.12とする。

損　益　No. 12

借方			貸方		
日付	相手科目	金額	日付	相手科目	金額
7	売上原価	160,000	7	売上	240,000
7	賃借料	50,000			

なお，前述したように仕訳をまとめた場合には，以下のように記入されることもある。

損　益　No. 12

借方			貸方		
日付	相手科目	金額	日付	相手科目	金額
7	諸口	210,000	7	売上	240,000

つまり，仕訳を行った場合，相手科目が複数ある場合には，まとめて「諸口（しょくち）」と記載してもよい。この場合には，仕訳帳では以下のように記載されることもある。

（借方）（諸口）　　（貸方）売上原価　160,000
　損　益　210,000　　賃借料　50,000

これで，収益及び費用のこの期間における記入はすべて終了したことになる。

⑵　損益勘定の差額を純資産（資本）に振替え

次に，損益勘定の締め切りを考えよう。この時点で損益勘定の貸方（収益）は240,000円であり，借方（費用）は210,000円で，差額30,000円は利益であった。貸借対照表と損益計算書を示した際には，これを当期純利益としたが，ここでは純資産（資本）の勘定科目である「繰越剰余金」（ここではNo. 8とする。）という勘定を用いて仕訳をすることとする。

（借方）損　益　30,000　（貸方）繰越剰余金　30,000

それでは，元帳に転記してみよう。これで損益勘定も貸借一致したので，締め切ることができる。

損　　　益　No. 12

借方			貸方		
日付	相手科目	金　額	日付	相手科目	金　額
7	諸　　口	210,000	7	売　　上	240,000
7	繰越剰余金	30,000			
		240,000			240,000

元帳の貸方勘定科目欄に罫線を引くのは，帳簿を締め切った後に加筆されることを防ぐためであり，手書きの簿記において行われるものである。

繰越剰余金　No. 8

借方			貸方		
日付	相手科目	金　額	日付	相手科目	金　額
			7	損　　益	30,000

(3)　資産・負債・純資産の元帳の締め切り

(2)までで，収益及び費用の元帳は締め切りが行われたが，資産・負債・純資産の元帳については済んでいない。ここで，英米法では，仕訳を行わず，元帳だけで繰越処理を行う。すなわち，各勘定の残高について反対側に「次期繰越[11]」と記入し，翌会計期間の最初の日付（ここでは便宜的に2.1とする。）で，さらにその反対側に「前期繰越」と記帳する。例えば，普通預金の元帳は以下のように締め切られる。

普 通 預 金 No. 1

借方			貸方		
日付	相手科目	金 額	日付	相手科目	金 額
1	資 本 金	300,000	3	差入保証金	100,000
2	借 入 金	150,000	6	賃 借 料	50,000
			7	次期繰越	300,000
		450,000			450,000
2.1	前期繰越	300,000			

借方合計450,000と貸方合計150,000の差額である残高を記入する。

前期の元帳の最後に記入された次期繰越額を記入する

それでは，他の資産・負債・純資産の科目も締め切りを行ってみよう[12]。

売 掛 金 No. 2

借方			貸方		
日付	相手科目	金 額	日付	相手科目	金 額
5	売 上	240,000	7	次期繰越	240,000
2.1	前期繰越	240,000			

商 品 No. 3

借方			貸方		
日付	相手科目	金 額	日付	相手科目	金 額
4	買 掛 金	200,000	5	売上原価	160,000
			7	次期繰越	40,000
		200,000			200,000
2.1	前期繰越	40,000			

差入保証金　No.4

借方			貸方		
日付	相手科目	金額	日付	相手科目	金額
3	普通預金	100,000	7	次期繰越	100,000
2.1	前期繰越	100,000			

買掛金　No.5

借方			貸方		
日付	相手科目	金額	日付	相手科目	金額
7	次期繰越	200,000	4	商品	200,000
			2.1	前期繰越	200,000

借入金　No.6

借方			貸方		
日付	相手科目	金額	日付	相手科目	金額
7	次期繰越	150,000	2	普通預金	150,000
			2.1	前期繰越	150,000

資本金　No.7

借方			貸方		
日付	相手科目	金額	日付	相手科目	金額
7	次期繰越	300,000	1	普通預金	300,000
			2.1	前期繰越	300,000

繰越剰余金　No.8

借方			貸方		
日付	相手科目	金額	日付	相手科目	金額
7	次期繰越	30,000	7	損益	30,000
			2.1	前期繰越	30,000

⑷　資産・負債・純資産と収益・費用の違い

このように，複式簿記は資産・負債・純資産・収益・費用の概念を用いて行われるが，貸借対照表の項目である資産・負債・純資産と，損益計算書の項目である収益・費用には大きな違いがある。

資産・負債・資本の残高は，その科目の当該時点において存在している金額を示しており，これは次期に繰越されるように，その残高が翌期になっても消滅しない。例えば，期末の営業終了時点で存在した普通預金（例では450,000円）は，その段階で消滅することはなく，翌期以降もその残高が引き継がれる。このような科目はストック（stock）の項目ともいわれる。

それに対し，収益・費用の科目は，当該期間に認識された金額の累計であり，一会計期間が終了すると，また0から記入されるものである。例えば，ある期間の売上（例では240,000円）が計上されても，次の期間の最初はその売上高を引き継がない。このような科目はフロー（flow）の項目といわれる。ダムに例えると，一期間の流入・流出量を測ったものがflowであり，現時点で水がどれほど貯水されているかを測ったものがstockである。

⑸　仕訳帳の締め切り

⑶までで，一会計期間における総勘定元帳の記入は終了した。次に，仕訳帳も締め切りを行い，記帳を終了することになる。

仕　訳　帳

日付	摘　要	元帳※1	借方	貸方
1	(普通預金)	1	300,000	
	(資 本 金)	7		300,000
	資本金が普通預金に入金された。			
2	(普通預金)	1	150,000	
	(借 入 金)	6		150,000
	銀行より借入を行った。			
3	(差入保証金)	4	100,000	
	(普通預金)	1		100,000
	事務所の保証金を振り込んだ。			
4	(商　品)	3	200,000	
	(買 掛 金)	5		200,000
	メーカーより商品を仕入れた。			
5	(売 掛 金)	2	240,000	
	(売　上)	9		240,000
	(売上原価)	10	160,000	
	(商　品)	3		160,000
	商品を販売し，代金は掛けとした。			
6	(賃 借 料)	11	50,000	
	(普通預金)	1		50,000
	事務所の賃借料を支払った。			
	仮　計		1,200,000	1,200,000
7	(売　上)	9	240,000	
	(損　益)	12		240,000
7	(損　益)　諸口	12	210,000	
	(売上原価)	10		160,000
	(賃 借 料)	11		50,000
7	(損　益)	12	30,000	
	(繰越剰余金)	8		30,000
	合　計		1,680,000	1,680,000

これで仕訳帳の記入もすべて行われたことになる。これをもって一会計期間の簿記一巡の手続きが完了したことになる。

10 繰越試算表の作成

ここで，英米式における手書きの簿記では，資産・負債・純資産の各元帳に計上された前期繰越金額が，正しく記載されているかを確認するために，各前期繰越金額を集計した「繰越試算表」を作成する（大陸法では異なる）[13]。つまり，繰越試算表の借方合計と貸方合計の一致（貸借一致という）をもって，前期繰越金額の記入が正しくなされたことを確認する。

繰 越 試 算 表

借方残高	勘定科目	貸方残高
300,000	普通預金	
240,000	売掛金	
40,000	商品	
100,000	差入保証金	
	買掛金	200,000
	借入金	150,000
	資本金	300,000
	繰越剰余金	30,000
680,000	合計	680,000

参考1 複式簿記の歴史

［Soll2014］11頁によれば，誰が最初かは分からないが，トスカーナの商人達が複式簿記を発達させたことは間違いなく，記録に議論はあるが，最も早い複式簿記の例は，ヨーロッパ各地で取引をしていたRinieri Finibrother firm（1296）の帳簿か，フィレンツェとプロヴァンス間で取引をしていたFarol fimerchant house（1299-1300）であったとしている。

また［前述Soll］48頁では，ルカ・パチョーリ（Luca Pacioli, 1445-1517）が1494年に「スンマ（Summa de Arithmetica, Geometria, Proportioni, et Proportionalita)」を出版し，現代にいたるまであらゆる簿記書は，少なくともこれに基づいているといって差し支えない，としている。

特筆すべきは，ルカ・パチョーリは，レオナルド・ダ・ヴィンチ（Leonardo da Vinci）と親密な交際をしていたことである（[前述 Soll] 50頁）。ダ・ヴィンチはスンマが発行されると直ぐに写しを購入したとされている（[Isaacson, 2017] 202頁）。ダ・ヴィンチも複式簿記を使っていたのであろうか。

日本においては，福沢諭吉の「帳合の法」が，日本に於ける西洋簿記学の最初の文献とされ，「アメリカで連鎖組織の商業学校六十校ほどを経営していたブライヤントおよびストラットン共著の学校用簿記教科書（Bryant and Stratton, Common School, Book-keeping）を翻訳したもので，まだ「簿記」という訳語がなく，わが国の商店などに用いられる「帳合」の語を以てこれに当てた。（http://dcollections.lib.keio.ac.jp/en/fukuzawa/a19/68）」とされている。

レオナルド・ダ・ヴィンチ

福沢諭吉

（いずれも写真提供　共同通信社）

参考2　大陸法

本文では，英米法によって決算手続を述べたが，大陸法とは，(1)損益勘定と残高勘定を設け，(2)あらゆる決算振替えは仕訳帳で行う方法である。

残高勘定は，期末時点に「閉鎖残高」という名称を用い，期首時点で「開始残高」という名称を用いる方法と，両者とも「残高」という名称を使う二つの方法があるが，残高勘定は取引記入の間違いがない限り，必ず貸借同額が記載されるため，何れの方法によっても差は出ない。

大陸法の例を具体的に示すと，9(2)の仕訳の後に，以下の仕訳が行われる。

1)　資産の勘定を「閉鎖残高（№15とする。）」勘定に転記するための仕訳。

（借）（閉鎖）残　高　680,000　（貸）諸口

普通預金	300,000
売掛金	240,000
商品	40,000
差入保証金	100,000

2)　負債・純資産の勘定を「閉鎖残高」勘定に転記するための仕訳。

（借）諸口　（貸）（閉鎖）残　高　680,000

買掛金	200,000
借入金	150,000
資本金	300,000
繰越剰余金	30,000

すると，当然にこれらも仕訳帳及び元帳に記入されることになり，英米法と異なる記帳を示すと以下のようになる。

仕　訳　帳

7	（売　上）		9	240,000	
		（損　益）	12		240,000
7	（損　益）	諸口	12	210,000	
		（売上原価）	10		160,000
		（賃借料）	11		50,000
7	（損　益）		12	30,000	
		（繰越剰余金）	8		30,000
7	（閉鎖残高）	諸口	15	680,000	
		（普通預金）	1		300,000
		（売掛金）	2		240,000
		（商　品）	3		40,000
		（差入保証金）	4		100,000
7	諸口	（閉鎖残高）	15		680,000
	（買掛金）		5	200,000	
	（借入金）		6	150,000	
	（資本金）		7	300,000	
	（繰越剰余金）		8	30,000	
	合　計			3,040,000	3,040,000

（最初の3つの仕訳について）ここまでは英米法と同じである

普通預金　No.1

借方			貸方		
日付	相手科目	金額	日付	相手科目	金額
1	資本金	300,000	3	差入保証金	100,000
2	借入金	150,000	6	賃借料	50,000
			7	閉鎖残高	300,000
		450,000			450,000

売掛金　No.2

借方			貸方		
日付	相手科目	金額	日付	相手科目	金額
5	売上	240,000	7	閉鎖残高	240,000

商品　No.3

借方			貸方		
日付	相手科目	金額	日付	相手科目	金額
4	買掛金	200,000	5	売上原価	160,000
			7	閉鎖残高	40,000
		200,000			200,000

差入保証金　No.4

借方			貸方		
日付	相手科目	金額	日付	相手科目	金額
3	普通預金	100,000	7	閉鎖残高	100,000

買掛金　No.5

借方			貸方		
日付	相手科目	金額	日付	相手科目	金額
7	閉鎖残高	200,000	4	商品	200,000

借　入　金

No. 6

借方			貸方		
日付	相手科目	金　額	日付	相手科目	金　額
7	閉鎖残高	150,000	2	普通預金	150,000

資　本　金

No. 7

借方			貸方		
日付	相手科目	金　額	日付	相手科目	金　額
7	閉鎖残高	300,000	1	普通預金	300,000

繰越剰余金

No. 8

借方			貸方		
日付	相手科目	金　額	日付	相手科目	金　額
7	閉鎖残高	30,000	7	損　益	30,000

閉　鎖　残　高

No. 15

借方			貸方		
日付	相手科目	金　額	日付	相手科目	金　額
7	普通預金	300,000	7	買掛金	200,000
7	売掛金	240,000	7	借入金	150,000
7	商品	40,000	7	資本金	300,000
7	差入保証金	100,000	7	繰越剰余金	30,000
		680,000			680,000

大陸式の場合には，繰越試算表は作成しない。

そして，翌期首に「開始残高（No. 14とする。）」勘定を用いて以下の仕訳を作成し，仕訳帳と元帳に記入される。これを「開始記入」という。

1)　資産の勘定を開始残高勘定に転記するための仕訳。

（借）（諸口）　　　　　　　　　　　（貸）開始残高　680,000

普通預金　300,000
売掛金　240,000
商品　40,000
差入保証金　100,000

2）負債・純資産の勘定を開始残高勘定に転記するための仕訳。

（借）開始残高　680,000　（貸）諸口
買掛金　200,000
借入金　150,000
資本金　300,000
繰越剰余金　30,000

以下の仕訳帳及び元帳では，日付欄を「1」と記入しているが，これは新しい期間の最初の取引ということであり，実際には期間（年）が前期とは異なっている。

仕　訳　帳

日付	摘　要		元帳	借方	貸方
1	開始記入				
	諸口	（開始残高）	14		680,000
	（普通預金）		1	300,000	
	（売掛金）		2	240,000	
	（商品）		3	40,000	
	（差入保証金）		4	100,000	
1	開始記入				
	（開始残高）		14		
		（買掛金）	5		200,000
		（借入金）	6		150,000
		（資本金）	7		300,000
		（繰越剰余金）	8		30,000

普　通　預　金　No.1

借方			貸方		
日付	相手科目	金額	日付	相手科目	金額
1	開始残高	300,000			

売　掛　金

No. 2

借方			貸方		
日付	相手科目	金　額	日付	相手科目	金　額
1	開始残高	240,000			

商　品

No. 3

借方			貸方		
日付	相手科目	金　額	日付	相手科目	金　額
1	開始残高	40,000			

差入保証金

No. 4

借方			貸方		
日付	相手科目	金　額	日付	相手科目	金　額
1	開始残高	100,000			

買　掛　金

No. 5

借方			貸方		
日付	相手科目	金　額	日付	相手科目	金　額
			1	開始残高	200,000

借　入　金

No. 6

借方			貸方		
日付	相手科目	金　額	日付	相手科目	金　額
			1	開始残高	150,000

資　本　金

No. 7

借方			貸方		
日付	相手科目	金　額	日付	相手科目	金　額
			1	開始残高	300,000

繰越剰余金　No.8

借	方		貸	方	
日付	相手科目	金　額	日付	相手科目	金　額
			1	開始残高	30,000

開始残高　No.14

借	方		貸	方	
日付	相手科目	金　額	日付	相手科目	金　額
1	買　掛　金	200,000	1	普通預金	300,000
1	借　入　金	150,000	1	売　掛　金	240,000
1	資　本　金	300,000	1	商　　品	40,000
1	繰越剰余金	30,000	1	差入保証金	100,000

大陸式は，閉鎖残高と開始残高をそれぞれ記載しなければならないことから，記帳手続が多くなるため，手書きの簿記ではあまり採用されていなかった。しかし，現代の会計システムでは，それが機械的に行われるため，あまり問題とされず，あえて大陸式的なシステムを構築している例も見受けられる。

練習問題

以下にあげる取引について解答用紙の該当する個所に記入を行いなさい。

① 仕訳帳に仕訳を記入する。

② 総勘定元帳に仕訳を転記する。

③ 合計残高試算表を作成する。

④ 貸借対照表及び損益計算書を作成する。

取引

1 株主より資本金3,000,000円を普通預金で受け入れた。

2 銀行より15,000,000円を借り入れ，普通預金とした。

3 従業員の給与手当（勘定科目は費用の「給料手当」とする。）を600,000円支払い，普通預金より支払った。

4 商品10,000,000円を仕入れ，代金は月末払い（掛）とした。

5 4で仕入れた商品すべてを15,000,000円で売上げ，代金は翌月末受取とした。

6 電気代（勘定科目は費用の「水道光熱費」とする。）100,000円が普通預金より自動引き落しされた。

7 電話料金（勘定科目は費用の「通信費」とする。）60,000円が普通預金より自動引き落しされた。

8 4の商品に対する未払い（掛）を普通預金より支払った。

9 商品3,000,000円を購入し，代金は普通預金より支払った。

10 普通預金より現金（勘定科目は資産の「現金」とする。）1,000,000円を引き出した。

11 パーソナルコンピュータ（勘定科目は資産の「器具備品」とする。）300,000円を購入し，代金は現金で支払った。

12 9で仕入れた商品すべてを3,400,000円で売上げ，代金は翌月10日の集金とした。

13 5の売上代金が普通預金に振り込まれた。

14 決算となった（必要となる振替え仕訳を作成し，帳簿について締め切りを行う。）。

①　**仕　訳　帳**　No.1

日付	摘　要	元帳	借　方	貸　方
1				
2				
3				
4				
5				
6				
7				
8				
9				
10				
11				
12				
13				
	仮　計			

14				
14				
14				
	合　　計			

② 総勘定元帳

売　　上　No. 30

日付	摘　要	金　額	日付	摘　要	金　額

売 上 原 価　No. 40

日付	摘　要	金　額	日付	摘　要	金　額

給 料 手 当　No. 45

日付	摘　要	金　額	日付	摘　要	金　額

水道光熱費　No. 46

借	方		貸	方	
日付	摘　要	金　額	日付	摘　要	金　額

通　信　費　No. 47

日付	摘　要	金　額	日付	摘　要	金　額

損　益　No. 303

日付	摘　要	金　額	日付	摘　要	金　額

現　金　No. 1

日付	摘　要	金　額	日付	摘　要	金　額

普　通　預　金

No. 2

日付	摘　　要	金　額	日付	摘　　要	金　額

売　　掛　　金

No. 4

日付	摘　　要	金　額	日付	摘　　要	金　額

商　　　　品

No. 5

日付	摘　　要	金　額	日付	摘　　要	金　額

器 具 備 品

No. 6

日付	摘　要	金　額	日付	摘　要	金　額

借 入 金

No. 11

日付	摘　要	金　額	日付	摘　要	金　額

買 掛 金

No. 15

日付	摘　要	金　額	日付	摘　要	金　額

資 本 金

No. 21

日付	摘　要	金　額	日付	摘　要	金　額

繰越剰余金 No. 23

日付	摘　要	金　額	日付	摘　要	金　額

③ **合計残高試算表** (単位：円)

借方残高金額	借方合計金額	勘定科目	貸方合計金額	貸方残高金額
		現　金		
		普通預金		
		売掛金		
		商　品		
		器具備品		
		借入金		
		買掛金		
		資本金		
		売　上		
		売上原価		
		給料手当		
		水道光熱費		
		通信費		
		合　計		

④

貸借対照表

平成×1年3月31日　(単位：円)

現金		借入金	
普通預金		資本金	
売掛金		繰越剰余金	
器具備品			

損益計算書

自平成×年4月1日至平成×1年3月31日　(単位：円)

売上原価		売上高	
給料手当			
水道光熱費			
通信費			
当期純利益			

【解答】

① 仕　訳　帳　No. 1

日付	摘　　要	元帳	借方	貸方
1	(普通預金)	2	3,000,000	
	(資　本　金)	21		3,000,000
2	(普通預金)	2	15,000,000	
	(借　入　金)	11		15,000,000
3	(給料手当)	45	600,000	
	(普通預金)	2		600,000
4	(商　　品)	5	10,000,000	
	(買　掛　金)	15		10,000,000
5	(売　掛　金)	4	15,000,000	
	(売　　上)	30		15,000,000
	(売上原価)	40	10,000,000	
	(商　　品)	5		10,000,000
6	(水道光熱費)	46	100,000	
	(普通預金)	2		100,000
7	(通　信　費)	47	60,000	
	(普通預金)	2		60,000
8	(買　掛　金)	15	10,000,000	
	(普通預金)	2		10,000,000
9	(商　　品)	5	3,000,000	
	(普通預金)	2		3,000,000
10	(現　　金)	1	1,000,000	
	(普通預金)	2		1,000,000
11	(器具備品)	6	300,000	
	(現　　金)	1		300,000
12	(売　掛　金)	4	3,400,000	
	(売　　上)	30		3,400,000
	(売上原価)	40	3,000,000	
	(商　　品)	5		3,000,000
13	(普通預金)	2	15,000,000	
	(売　掛　金)	4		15,000,000
	仮　　計		89,460,000	89,460,000

14	(売　　上)		30	18,400,000	
		(損　　益)	303		18,400,000
14	(損　　益)	諸口	303	13,760,000	
		(売上原価)	40		13,000,000
		(給料手当)	45		600,000
		(水道光熱費)	46		100,000
		(通信費)	47		60,000
14	(損　　益)		303	4,640,000	
		(繰越剰余金)	23		4,640,000
	合　　計			126,260,000	126,260,000

② 総勘定元帳

売　　上　No.30

日付	摘　要	金　額	日付	摘　要	金　額
14	損　益	18,400,000	5	売掛金	15,000,000
			12	売掛金	3,400,000
		18,400,000			18,400,000

売上原価　No.40

日付	摘　要	金　額	日付	摘　要	金　額
5	商　品	10,000,000	14	損　益	13,000,000
12	商　品	3,000,000			
		13,000,000			13,000,000

給料手当　No.45

日付	摘　要	金　額	日付	摘　要	金　額
3	普通預金	600,000	14	損　益	600,000
		600,000			600,000

水道光熱費

No. 46

日付	摘要	金額	日付	摘要	金額
6	普通預金	100,000	14	損益	100,000
		100,000			100,000

通信費

No. 47

日付	摘要	金額	日付	摘要	金額
7	普通預金	60,000	14	損益	60,000
		60,000			60,000

損益

No. 303

日付	摘要	金額	日付	摘要	金額
14	諸口	13,760,000	14	売上	18,400,000
14	繰越剰余金	4,640,000			
		18,400,000			18,400,000

現金

No. 1

日付	摘要	金額	日付	摘要	金額
10	普通預金	1,000,000	11	器具備品	300,000
			14	次期繰越	700,000
		1,000,000			1,000,000
	前期繰越	700,000			

普通預金　No. 2

日付	摘要	金額	日付	摘要	金額
1	資本金	3,000,000	3	給料手当	600,000
2	借入金	15,000,000	6	水道光熱費	100,000
13	売掛金	15,000,000	7	通信費	60,000
			8	買掛金	10,000,000
			9	商品	3,000,000
			10	現金	1,000,000
			14	次期繰越	18,240,000
		33,000,000			33,000,000
	前期繰越	18,240,000			

売掛金　No. 4

日付	摘要	金額	日付	摘要	金額
5	売上	15,000,000	13	普通預金	15,000,000
12	売上	3,400,000	14	次期繰越	3,400,000
		18,400,000			18,400,000
	前期繰越	3,400,000			

商品　No. 5

日付	摘要	金額	日付	摘要	金額
4	買掛金	10,000,000	5	売上原価	10,000,000
9	普通預金	3,000,000	12	売上原価	3,000,000
		13,000,000			13,000,000

器 具 備 品

No. 6

日付	摘　　要	金　額	日付	摘　　要	金　額
11	現　　　金	300,000	14	次期繰越	300,000
		300,000			300,000
	前期繰越	300,000			

借 入 金

No. 11

日付	摘　　要	金　額	日付	摘　　要	金　額
14	次期繰越	15,000,000	2	普通預金	15,000,000
		15,000,000			15,000,000
				前期繰越	15,000,000

買 掛 金

No. 15

日付	摘　　要	金　額	日付	摘　　要	金　額
8	普通預金	10,000,000	4	商　　　品	10,000,000
		10,000,000			10,000,000

資 本 金

No. 21

日付	摘　　要	金　額	日付	摘　　要	金　額
14	次期繰越	3,000,000	1	普通預金	3,000,000
		3,000,000			3,000,000
				前期繰越	3,000,000

繰越剰余金　No.23

借方			貸方		
日付	摘要	金額	日付	摘要	金額
14	次期繰越	4,640,000	14	損益	4,640,000
		4,640,000			4,640,000
				前期繰越	4,640,000

③

合計残高試算表

(単位：円)

借方残高金額	借方合計金額	勘定科目	貸方合計金額	貸方残高金額
700,000	1,000,000	現金	300,000	
18,240,000	33,000,000	普通預金	14,760,000	
3,400,000	18,400,000	売掛金	15,000,000	
	13,000,000	商品	13,000,000	
300,000	300,000	器具備品		
		借入金	15,000,000	15,000,000
	10,000,000	買掛金	10,000,000	
		資本金	3,000,000	3,000,000
		売上	18,400,000	18,400,000
13,000,000	13,000,000	売上原価		
600,000	600,000	給料手当		
100,000	100,000	水道光熱費		
60,000	60,000	通信費		
36,400,000	89,460,000	合計	89,460,000	36,400,000

④ **貸借対照表**

平成×1年3月31日　(単位：円)

借方	金額	貸方	金額
現金	700,000	借入金	15,000,000
普通預金	18,240,000	資本金	3,000,000
売掛金	3,400,000	繰越剰余金	4,640,000
器具備品	300,000		
	22,640,000		22,640,000

損益計算書

自平成×年4月1日至平成×1年3月31日　(単位：円)

借方	金額	貸方	金額
売上原価	13,000,000	売上高	18,400,000
給料手当	600,000		
水道光熱費	100,000		
通信費	60,000		
当期純利益	4,640,000		
	18,400,000		18,400,000

注

1 「財務会計の概念フレームワーク（2006年12月　企業会計基準委員会，以下，「概念フレームワーク」という）4では，「資産とは，過去の取引または事象の結果として，報告主体が支配している経済的資源をいう。」とし，さらに(2)では，「ここでいう支配とは，所有権の有無にかかわらず，報告主体が経済的資源を利用し，そこから生み出される便益を享受できる状態をいう。経済的資源とは，キャッシュの獲得に貢献する便益の源泉をいい，実物財に限らず，金融資産及びそれらとの同等物を含む。経済資源は市場での処分可能性を有する場合もあれば，そうでない場合もある。」としている。

2 概念フレームワーク5では，「負債とは，過去の取引または事象の結果として，報告主体が支配している経済的資源を放棄もしくは引き渡す義務，またはその同等物をいう。」とし，さらに(4)では，「ここでいう義務の同等物には，法律上の義務に準じるものが含まれる。」としている。

3 概念フレームワーク6。

4 概念フレームワーク7では，株式会社の資本について，「株主資本とは，純資産のうち報告主体の所有者である株主（中略）に帰属する部分をいう。」としている。

5 協同組合等では「出資金」という。

6 「概念フレームワーク」13.では「収益とは，純利益（中略）を増加させる項目であり，特定期間の期末までに生じた資産の増加や負債の減少に見合う額のうち，投資のリスクから解放された部分である。」，とし，同15.では，「費用とは，純利益（中略）を減少させる項目であり，特定期間の期末までに生じた資産の減少や負債の増加に見合う額のうち，投資のリスクから解放された部分である。」としている。

7　Income Statement とも言われる。

8　後述するように，これは「残高試算表」といわれるものである。

9　一方で，勘定科目名を間違えた場合や，金額を貸借同額間違えた場合には，誤りの発見ができないという限界も併せ持っている。

10　［武田隆二，1996］139頁によれば，「決算手続は，ドイツ等のヨーロッパ大陸系諸国で行われている方法（大陸式決算手続または大陸法）とイギリス・アメリカ系で行われている方法（英米式決算手続または英米法）とに区別される。大陸法は，(1)損益勘定と残高勘定を設け，(2)あらゆる決算振替えは仕訳帳で行う方法であるのに対し，英米法は，(a)残高勘定を設けず，(b)あらゆる決算振替えは仕訳帳を通さないという点で区別されるといわれている。しかし，最近のアメリカの簿記書においては，損益科目を損益勘定に振替えるにあたり，仕訳帳をとおし，さらに当期損益を資本金勘定へ振替えるにあたり，仕訳帳をとおして振替え計算を行っている（中略）。したがって，両者の差異は，残高勘定を設けるかどうかという点のみに尽きるようである。」と説明しており，本書の英米法もこれに従って解説している。

11　伝統的には赤字で記入（朱記）するとされているが，現代の実務上は稀である。

12　大陸法においては，資産・負債・純資産についても仕訳をして振替えが行われる（参考２参照）。

13　実務上は，データの繰越が電算上で行われるため，このような手続きを取ることは少ないと考えられる。

（平野秀輔）

第3章　基礎的な勘定科目の説明

ここからは，簿記でよく使われる勘定科目について，解説していく。

1　現金勘定

(1)　現金勘定の範囲

会計上の現金の範囲は，日常で用いる現金の範囲すなわち通貨（紙幣及び硬貨）のほかに，現金と同様に取引できるものが含まれる。すなわち，他人振出の当座小切手，郵便為替証書，株式の配当金領収書，期日の到来した公社債の利札等も現金の中に入れられる。

またこのほかに，郵便切手や収入印紙も現金同様，支払手段となる場合があることから，現金勘定と考えることもあるが，それらは本来的には代金の決済手段として所有しているものではないため，これらの消費によって発生する費用（通信費・租税公課等）の未消費分として考えるのが妥当であり，「貯蔵品」や「証紙・切手」勘定という資産の勘定で処理される。

現金勘定の検証は，現金の実際有高を数え，これを帳簿残高と照合することによって行われる。この手続きを「現金実査」という。

(2)　現金取引の例

（例1）　4月1日，現金80,000円を借り入れた。

（借）現　　　金　　80,000　（貸）借　入　金　　80,000

資産としての現金80,000円が増加したので，資産の勘定科目である現金の借方に80,000円と記録する。一方で，負債である借入金が増加したので，負債の勘定科目である借入金の貸方に80,000円と記録する。

（例2）　4月8日，電話料金20,000円を現金で支払った。

（借）通　信　費　　20,000　（貸）現　　　金　　20,000

費用としての通信費が20,000円発生したので，費用の勘定科目である通信費の借方に20,000円と記録する。一方で，資産としての現金が20,000円減少しているので，現金の貸方に20,000円と記録する。

（例3）　4月12日，所有している国債の利札40,000円について支払期限（利息受取日）が来た。

（借）現　　　金　　40,000　　（貸）有価証券利息　　40,000

公社債の利札は現金の増加として扱われ，現金の借方に40,000円と記録する。一方で，収益としての有価証券利息が40,000円発生したので，収益の勘定科目である有価証券利息の貸方に40,000円と記録する。

（例4）　4月18日，手数料100,000円を小切手で受け取った。

（借）現　　　金　　100,000　　（貸）受取手数料　　100,000

他人振出小切手は現金であり，現金100,000円が増加したので，現金の借方に100,000円と記録する。一方で，収益としての受取手数料が100,000円発生したので，収益の勘定科目である受取手数料の貸方に100,000円と記録する。

（例5）　4月28日，借入金のうち40,000円を現金で返済した。

（借）借　入　金　　40,000　　（貸）現　　　金　　40,000

負債としての借入金が減少したので，負債の勘定科目である借入金の借方に40,000円と記録する。一方で，資産としての現金が減少しているので，現金の貸方に40,000円と記録する。

(3)　現金勘定の内容を記帳する補助簿――現金出納帳

帳簿として「仕訳帳」と「総勘定元帳」を説明したが，これらは「主要簿」といわれており，複式簿記においては必要不可欠なものである。そしてこれらを補助する帳簿として「補助簿」を備えることがあり，これは各勘定の取引を日付順に記入する「補助記入帳」と各勘定の取引をその内訳別に記載する「補助元帳」からなる。

現金の入出金（出納＝すいとう）を記入する補助記入帳として現金出納帳があり，上記の取引を記入すると次のようになる。

現 金 出 納 帳

（単位：円）

日付		摘要	収納	支払	残高
4	1	借入金の入金	80,000		80,000
	8	電話料金の支払		20,000	60,000
	12	有価証券利息の入金	40,000		100,000
	18	受取手数料の入金	100,000		200,000
	28	借入金の一部返済		40,000	160,000

(4) 現金の実際有高と記録上の残高の違い

現金の実際有高を調べた際（「実査」という）に，その有高が記帳残高より多い時は「現金過剰」，反対に実際有高が記帳残高より少ない時は「現金不足」とよび，この二つを合わせて「現金過不足」とよんでいる。

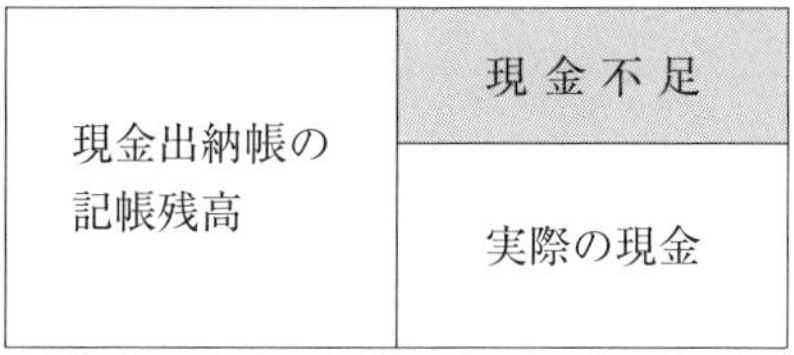

<table>
<tr><td rowspan="2">現金出納帳の
記帳残高</td><td>現 金 不 足</td></tr>
<tr><td>実際の現金</td></tr>
</table>

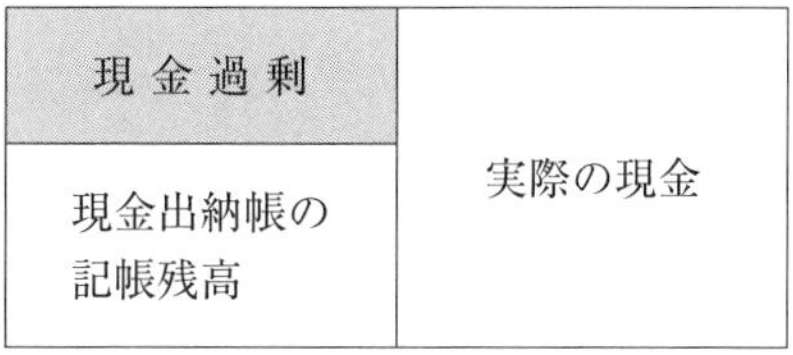

<table>
<tr><td>現 金 過 剰</td><td rowspan="2">実際の現金</td></tr>
<tr><td>現金出納帳の
記帳残高</td></tr>
</table>

現金過不足が生じた場合は，「現金過不足」勘定を設定して実際有高との差額を記入して，現金の帳簿残高を実際有高と一致させておき，その後その原因を追跡調査して必要な処理が行われる。

（例１） 現金を実査した結果，現金実際有高は96,000円であり，現金出納帳残高は100,000円であった。

（借）現金過不足　　4,000　（貸）現　　金　　4,000

（例２） 上記の現金不足のうち3,000円は通信費の記帳漏れであった。

（借）通　信　費　　3,000　　（貸）現金過不足　　3,000

（例３）（例１）の現金過不足のうち1,000円は不明なので雑損失という費用の科目で処理した。

（借）雑　損　失　　1,000　　（貸）現金過不足　　1,000

（例４）期末日において金庫を調べて見たところ，硬貨12,800円，紙幣508,000円，他人振出の当座小切手600,000円，収入印紙20,000円が保管されていた。なお，期末日における現金出納帳残高は1,121,200円であり，収入印紙は購入時に租税公課（費用の勘定）に計上している。現金過不足は雑損失として処理する。

（借）雑　損　失　　400　　（貸）現　　　金　　400

（借）貯　蔵　品　　20,000　　（貸）租 税 公 課　　20,000

現金実際有高＝12,800円＋508,000円＋600,000＝1,120,800円

2　預金勘定

⑴　預金の種類

預金は銀行その他の金融機関への預け金であり，当座預金，普通預金のように期日（満期日）がないものと，定期預金のように期日があるものに分けられる。

⑵　預金取引の例

（例１）現金40,000円をＡ銀行の普通預金に預け入れた。

（借）普 通 預 金　　40,000　　（貸）現　　　金　　40,000

資産としての普通預金が増加したので，資産勘定である普通預金の借方に40,000円と記録する。一方で，資産の現金が減少したので，資産勘定である現金の貸方に40,000円と記録する。

（例２）電気代支払いのために小切手20,000円を振り出した。

（借）水道光熱費　　20,000　　（貸）当 座 預 金　　20,000

当座預金の引き出しは，小切手の振出や振替によってなされる。ここでは，費用である水道光熱費が発生したので，費用勘定である水道光熱費の借方に20,000円と記録する。一方で，資産である当座預金が減少したので，資産勘定である当座預金の貸方に20,000円と記録する。

（例３）　Ｂ銀行の普通預金から定期預金へ12,000,000円を振り替えた。

（借）定期預金　12,000,000　　（貸）普通預金　12,000,000

定期預金が増加したので，資産勘定である定期預金の借方に12,000,000円と記録する。資産である普通預金が減少したので，資産勘定である普通預金の貸方に12,000,000円と記録する。

⑶　当座預金残高調整表の作成

預金の勘定記入結果を検証するために，預入先の金融機関より一定時点の残高（預金有高）証明を発行してもらうことがある。この証明書を「残高証明書」という。本来，残高証明書の金額と勘定記入の結果は一致するはずである。しかしながら当座預金はその引出しが小切手等によっても行われるため，小切手が未だ取立て（換金）されていないと，当座預金勘定は減少していても，預入先の当座預金は減少していない。つまり残高証明書と不一致となることがある。また，不一致の原因としては，帳簿記入そのものが誤っている可能性もある。このためには預金の「残高調整表」を作成し，その不一致原因を明らかにしておく必要がある。

この表には以下に示すように1)及び2)の様式があるが，一般に用いられるのは2)である。なぜなら1)は帳簿記入の誤りをまとめたものであり，実際には誤りが判明した時点で，帳簿が訂正されるからである。

（例）　３月31日現在の当座預金残高調整表の作成に当たり，以下にあげる①から③の事実が判明した。これらを考慮して，当座預金残高調整表を作成すると共に必要な修正仕訳を示しなさい。

ただし調整表の内容は，1)調整前の帳簿残高から調整後の帳簿残高を算定する表と，2)銀行残高証明書残高から調整後の帳簿残高を算定する表の二つを作成すること。

①　３月31日現在の当社における当座預金出納帳残高は，②以下の事実を調整する前には95,279,648円であり，銀行残高証明書残高は76,914,600円となっていた。

②　３月31日に預け入れた他人振出小切手16,295,548円は，銀行において締め後入金として扱われていた。

③　銀行から受け取った当座勘定照合表から次の事実が明らかになっ

た。

a．３月中の送金手数料63,000円の引き落としが当社側に未達であった。

b．取立依頼小切手3,056,000円が不渡りとなり，その旨が当社側に未達となっていた。

c．山川物産㈱に対する売掛金の入金682,000円が当社側に未達であった。

d．当社が振り出した下記の小切手が，銀行側で未決済（未取付）の状態となっていた。

〔小切手番号〕	〔金　額〕
イ　707	94,500円
イ　800	168,000円
イ　802	105,000円

当座預金残高調整表

（単位：円）

1）

帳簿残高（３月31日現在）		95,279,648
加算：売掛金回収未通知		682,000
減算：送金手数料	63,000	
不渡小切手	3,056,000	3,119,000
調整後残高		92,842,648

2）

銀行残高証明書残高（３月31日現在）		76,914,600
加算：締め後入金		16,295,548
減算：未決済小切手　イ707	94,500	
未決済小切手　イ800	168,000	
未決済小切手　イ802	105,000	367,500
調整後残高		92,842,648

必要な修正仕訳

③－a.

（借）支払手数料　63,000　（貸）当座預金　63,000

３月31日までに支払手数料が引き落とされたことが明らかなので，当座預金勘定の記入を修正する。

③－b.

（借）不渡小切手　3,056,000　（貸）当座預金　3,056,000

当社はこの小切手を取立依頼した際に次の仕訳をしていると考える。

（借）当座預金　3,056,000　（貸）現　　金　3,056,000

しかしながら，これが不渡りとなったことにより，当座預金に入金がなかったので，当座預金勘定の記入を修正する。なお不渡りとなった小切手は現金同等物とは考えられないので，「不渡小切手」という勘定を設定しておく。

③－c.

（借）当座預金　682,000　（貸）売 掛 金　682,000

３月31日までに入金があったことが明らかなので，当座預金勘定の記入を修正する。

なお②は当社と銀行の締切時間の差による相違であり，当社の記帳は誤っていない。そして，③－d.は未取付小切手といわれるもので，小切手の相手方が取立を怠っていると考えられ，これも当社の記帳は誤っていない。よって，②及び③－d.は仕訳不要である。

3　売掛金・未収金・受取手形・電子記録債権

(1)　売 掛 金

得意先との通常の営業取引によって生じた債権を売掛金という。これは，営業取引以外によって生じた債権である未収金とは区別される。ただし得意先の経営状態の悪化など，通常の商取引では想定していない事情が生じた場合（倒産等により更生会社，整理会社になった場合など）には，正常に回収する予定が見込まれなくなった債権となることから，売掛金とは区別される。

売掛金残高の検証は残高確認という手続きによって行われる。これは得意先に対し書面で先方残高と当方残高の照会を行うものである。

（例） A社に商品3,000,000円を販売した。A社との取引は掛取引によっている。

（借）売　掛　金　3,000,000　（貸）売　　　上　3,000,000

⑵ 未収金

通常の営業取引以外の資産の売却または役務の提供取引で生じた債権のうち，未だ支払いを受けていないものを未収金という。未収金は金銭消費貸借契約のないこと，及び通常は金利が生じないことから貸付金とは区別される。

（例） ×年1月10日，B社に土地を4,000,000円で売却した。B社からの代金は同年の×年3月15日に受け取ることになっている。土地の取得原価（帳簿に記載されている価額）は3,000,000円である。

（借）未　収　金　4,000,000　（貸）土　　　地　3,000,000
　　　　　　　　　　　　　　　（貸）土地売却益　1,000,000

⑶ 受取手形

約束手形及び為替手形で当該企業が手形金額を受け取る権利のあるものが手形債権であり，企業の営業活動によって発生した手形債権は「受取手形」として表示される。

（例1） B社に商品5,000,000円を販売し，B社振出の約束手形を受け取った。

（借）受取手形　5,000,000　（貸）売　　　上　5,000,000

（例2） C社への売掛金2,500,000円について，C社振出・D社支払い（名宛）の為替手形を受け取った。

（借）受取手形　2,500,000　（貸）売　掛　金　2,500,000

一方，企業の通常の営業活動以外の取引によって発生した手形債権は「営業外受取手形」とされる。

（例3） F社から未収金1,500,000円について，F社振出の約束手形を受け取った。

（借）営業外受取手形　1,500,000　（貸）未　収　金　1,500,000

⑷ 電子記録債権

電子記録債権とは，事業者の資金調達の円滑化等を図るために創設された金銭債権であり，電子債権記録機関の記録原簿に電子記録することが，電子記録債権の発生・譲渡の効力発生の要件となっている。これは受取手形・売掛金に代わるものとして用いられる。

（例）　K社に商品2,000,000円を販売した。K社との取引は電子記録によっている。

（借）電子記録債権　2,000,000　　（貸）売　　　上　2,000,000

（亀谷尚輝）

4　商品勘定・売上・売上原価

企業がその主活動によって販売する物品は商品という勘定科目で処理される。なお，商品と同じ性質を持つ項目を会計上は「棚卸資産」といい，次のようなものがある。

・製品（メーカーにおいて販売される完成品）
・仕掛品（製品の製造途中にあるもの）
・材料（製品を製造するための原材料等）
・貯蔵品（包装紙，発送用資材など）

ここでは，特に商品について，簿記における処理方法を述べていく。

①　商品取引の処理方法

1)　商品（資産），売上原価（費用）勘定で処理する方法

購入した時点では，商品という資産勘定で処理し，販売した部分を売上原価という費用勘定で処理する方法（第2章の例題はこの方法によった）。

2)　仕入（費用），繰越商品（資産）勘定で処理する方法（三分法）

購入した時点では，仕入勘定という費用で処理し，期末に売れ残った商品を繰越商品勘定で処理する方法。これらと売上勘定を併せて，三分法[1]ともよばれる。

②　設　例

第1年度

商品Aの期中仕入高100個　@10,000円（仕入単価）　1,000,000円

商品Aの期中売上高80個　@13,000円（販売単価）　1,040,000円

商品Aの期末残高20個　@10,000円（仕入単価）　200,000円

第２年度

商品Aの期首残高20個　@10,000円（仕入単価）　200,000円

商品Aの期中仕入高130個　@10,000円（仕入単価）　1，300,000円

商品Aの期中売上高100個　@13,000円（売上単価）　1，300,000円

商品Aの期末残高50個　@10,000円（仕入単価）　500,000円

③1）　第１年度　商品勘定を用いて処理する方法

第１年度

仕入時点	（借）商　　品	1,000,000	（貸）買掛金	1,000,000
売上時点	（借）売 掛 金	1,040,000	（貸）売　上	1,040,000
	（借）売上原価	800,000	（貸）商　品	800,000

第１年度における商品の販売益（売上－売上原価）を示すと以下のようになる。

売上原価
（費用）
800,000円

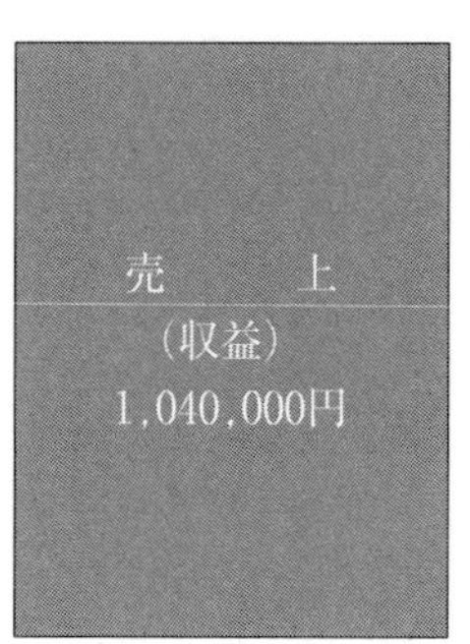

販売益は240,000円

2）　第１年度　三分法によって処理する方法

三分法の場合には，棚卸資産（商品・製品等）は仕入時に「仕入高」という費用で処理し，売上時には「売上高」という収益の科目で処理される。

第1年度

仕入時点　（借）仕　入　1,000,000　（貸）買掛金　1,000,000

売上時点　（借）売掛金　1,040,000　（貸）売　上　1,040,000

しかし，このまま仕入高1,000,000円を費用として，売上高1,040,000円が収益として計上されたままで，記帳を終えてしまうと，商品についての損益は，

収益1,040,000円（80個×13,000円）

－費用1,000,000円（100個×10,000円）＝40,000円

と計算され，80個に対し100個分の費用が差し引かれることになってしまう。

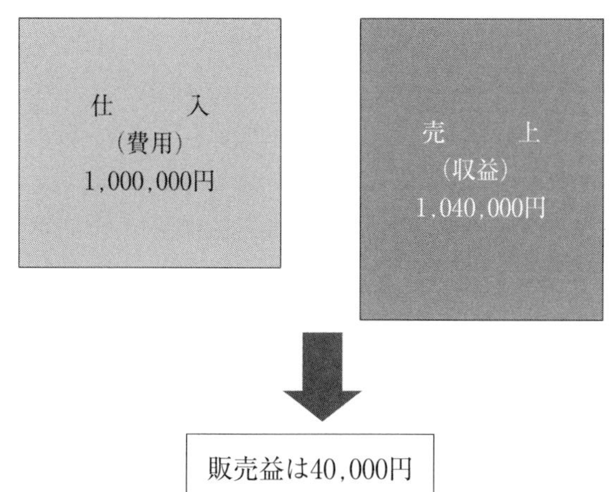

ここで，今一度，商品の仕入と売上の関係を図示すると以下のとおりである。

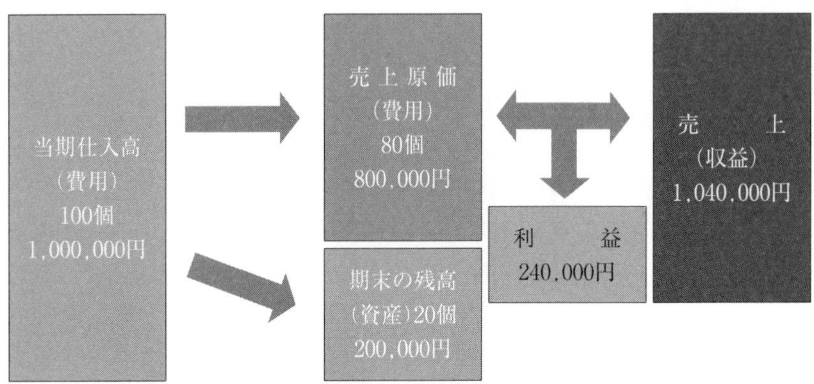

本来の販売益は，売り上げた商品80個に対する部分だけが費用として計算されなければならないから，1)と同じように

収益1,040,000円－費用800,000円(80個×10,000円)＝240,000円

という結果にならなければならない。

そこで，期末時点で未だに販売されていない商品の残高（期末残高といい，20個×10,000円として求められる）を費用から差し引く必要がある。すると簿記では必ず取引を二面からみることから，費用から差し引かれた商品の残高は，次期以降に販売される価値を持つので資産として考えられることになる。この資産の科目として，「繰越商品」という勘定を用いる。

三分法を用いた場合で，商品の期末残高がある場合には，決算時に次の仕訳が行われることになる。

(借) 繰越商品	200,000	(貸) 仕　　入	200,000

この仕訳を行うことによって，損益は正しく算定される。そこにおける仕入高の残高は800,000円となり，勘定科目の名称は「仕入」のままであるが，内容が「売上原価」に変わることになる。

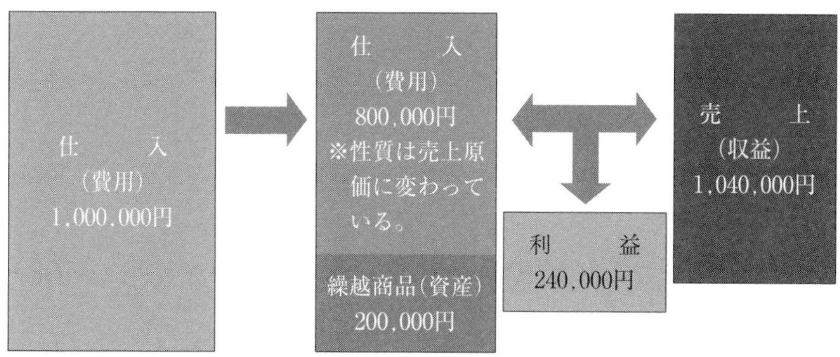

3)　商品勘定を用いる方法と，三分法のまとめ

商品勘定を用いる方法と，三分法についてまとめると以下のようになる。

①　あくまで簿記の仕訳の仕方による違いであるから，最終的に計算される利益，資産の額は一致する。

②　商品勘定を用いる方法は，仕入時に資産（商品）として認識し，「売れた部分」だけを，商品から費用（売上原価）へ振り替える。

③　三分法では，仕入時に費用（仕入）として認識し，「売れ残った部分」だけを資産（繰越商品）に振り替える。

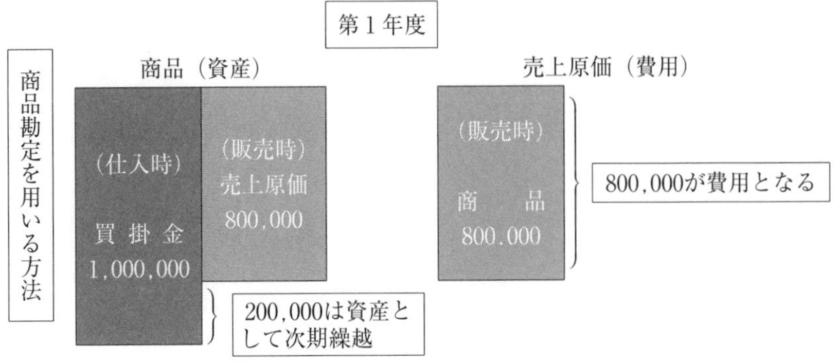

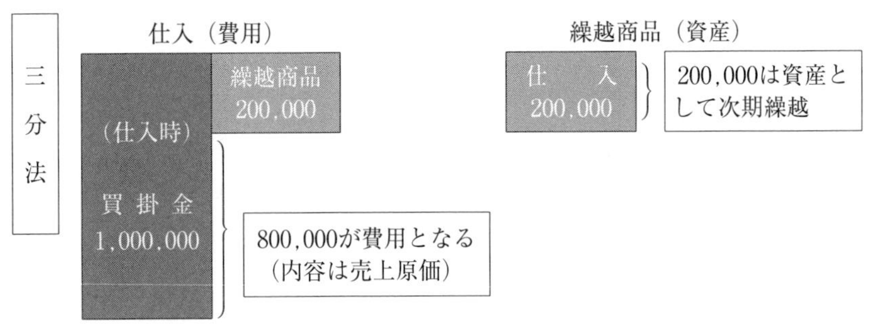

④1)　第２年度　商品勘定を用いて処理する方法

仕入時点	（借）	商　品	1,300,000	（貸）	買掛金	1,300,000
販売時点	（借）	売掛金	1,300,000	（貸）	売　上	1,300,000
		売上原価	1,000,000		商　品	1,000,000

2)　第２年度　三分法によって処理する場合

（借）	仕　入	1,300,000	（貸）	買掛金	1,300,000
	売掛金	1,300,000		売　上	1,300,000

前期の期末残高は次の会計期間になると，そのまま期首残高になる。期首残高20個と期中仕入高130個の合計150個が，この会計期間で販売可能であった商品の取扱総数となり，このうち100個が供給されたので期末残高は50個となる。この関係を整理すると次のようになる。

期首残高	20個	
期中仕入高	130個	
合　計	150個	＝販売可能であった購買品総数
期中売上高	100個	
期末残高	50個	
合　計	150個	

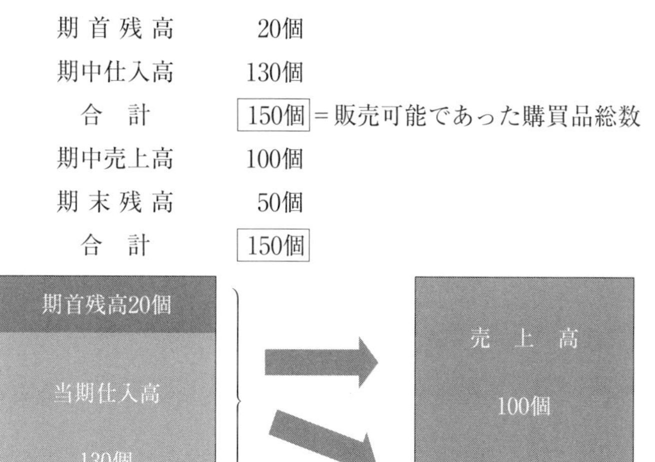

ここでも期首と期末の商品を無視して，期中の売上高1,3000,000円から仕入高1,300,000円を控除して損益を算定すると，０円となってしまう。しかし，本来費用として計上されるべき仕入高は，100個分の1,000,000円（100個×10,000円）であり，損益は1,300,000円－1,000,000円＝300,000円と計算されるべきであり，調整が必要になる。

この調整はまず上の表で示したように，在庫・仕入高・売上高の間に次のような算式が成り立っていることから考えていく。

> 期首残高(20個)＋期中仕入高(130個)＝
> 期中売上高(100個)＋期末残高(50個)

この式を次のように書き改める。

> 期中売上高(100個)＝期首残高(20個)＋期中仕入高(130個)
> －期末残高(50個)

つまり期中売上高は期首残高に期中仕入高を加算し，期末残高を控除することによって求められ，これは金額に置き換えても同じことになる。

期中売上原価1,000,000円

=期首残高200,000円+期中仕入高1,300,000円

−期末残高500,000円

このように，商品の期首残高，仕入高，売上原価，期末残高の関係は次のようになる。

期首残高＋仕入高＝売上原価＋期末残高

売上原価＝期首残高＋仕入高－期末残高

簿記では，この仕入の金額を売上原価に変える仕訳を決算整理仕訳として次のように行う。

ⅰ）期中仕入高に期首残高を加算する仕訳

（借）仕　　入　200,000　（貸）繰越商品　200,000

−期首分−

ⅱ）期中受入高から期末残高を控除する仕訳

（借）繰越商品　500,000　（貸）仕　　入　500,000

−期末分−

なお，ⅱ)の仕訳は③2)で説明した仕訳と同じ考えである。

この二つの仕訳により，勘定科目名は「仕入」のままであるが，その金額は第1年度と同様に，売上原価に変わっている。

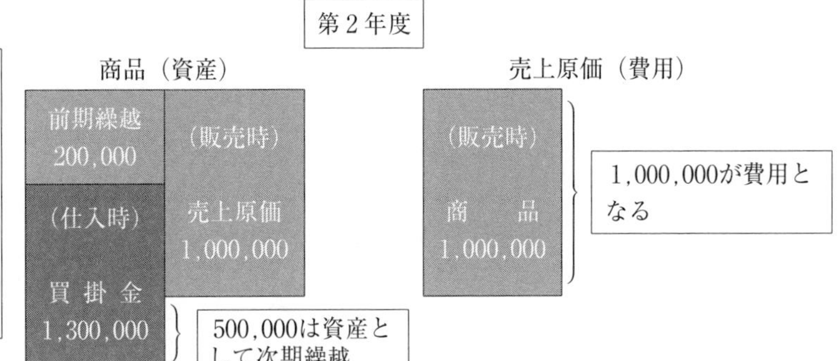

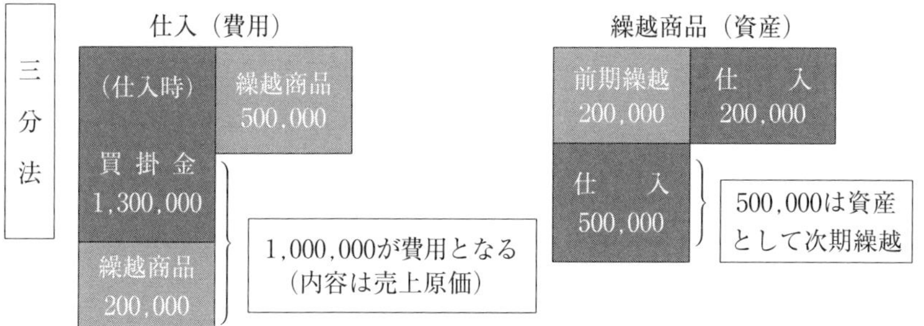

⑤　商品の減耗損及び評価損

商品については，期末時（もしくはその日に近い基準日）に実地棚卸という手続きを行い，実際の数量・状態を確認することになる。

その結果，予め帳簿に記載された商品数（帳簿の商品数の管理について詳しくは第8章参照）より，実地棚卸の結果による商品数（実地棚卸数）が少なければ，当該差額分は，商品（もしくは繰越商品）勘定から「棚卸減耗費」という費用の勘定に振り替えなければならない。

また，商品は，それを仕入れて販売益を得るために，企業が所有しているものである。よって，仕入価格より，販売価格は高いのが通常である。ただし，期末において所有している商品の販売価格が，実際に仕入れた価格より低くなっている場合には，その商品の仕入れ代金を回収することができないことが明らかであるから，価格の下落分を費用として認識し，商品（もしくは繰越商品）勘定を減額しなければならない。

これには，品質低下等により通常の価格ではなく仕入価格（帳簿記載価額）以下でしか販売できないものの他，品質に問題がなくても市場価格が下落して，仕入価格（当初帳簿記載価額＝簿価）を下回る販売価格しか見込めないものも含まれる。

なお，実地棚卸の結果を反映する以前の帳簿記録の残高を「帳簿棚卸高」といい，実地棚卸の結果を反映した残高を「実地棚卸高」という。

（例）　期末日における商品は以下のとおりであった。商品については三分法を用いており，売上原価は仕入勘定で表示している。なお，期首商品棚卸高は90,000円であった。

帳簿棚卸高　　　　　100,000円（1,000個×@100）

実地棚卸高　　　　　950個（良品930個，不良品20個）

商品の販売見込単価　良品@95，不良品@60

ｉ）期首商品の振替仕訳

（借）仕　　入　90,000　（貸）繰越商品　90,000

ⅱ）期末商品の帳簿棚卸高による振替仕訳

（借）繰越商品　100,000　（貸）仕　　入　100,000

ⅲ）棚卸減耗の処理

（借）棚卸減耗費　5,000　（貸）繰越商品　5,000

ⅳ）良品の処理

（借）商品評価損　4,650　（貸）繰越商品　4,650

ｖ）不良品の処理

（借）商品評価損　800　（貸）繰越商品　800

単価	930	950	1,000
100	商品評価損（良品） （@100－@95）×930個＝4,650円	商品評価損（不良品） （@100－@60）×（950個－930個）＝800円	棚卸減耗費 @100×（1,000個－95個）＝5,000円
95	良品 @95×930個＝88,350円		
60		不良品 （950個－930個）×60円＝1,200円	

数量：930　950　1,000

これにより，最終的な繰越商品残高は，89,550円（良品88,350円＋不良品1,200円）となる。英米法によった場合の繰越商品勘定の記入は以下のようになる。

繰　越　商　品

前期繰越	90,000	仕　　入	90,000
仕　　入	100,000	棚卸減耗費	5,000
		商品評価損	4,650
		商品評価損	800
		次期繰越	89,550
	190,000		190,000
前期繰越	89,550		

注

1　商品の処理方法には，以下の方法も考えられる。なお，以下の説明は本文の第１年度を用いている。このような処理方法と区別するために，仕入・繰越商品・売上の３勘定を用いる方法を三分法とよんでいると考えられる。

①　分記法

購入したと時点では商品勘定（資産）

販売した部分も商品勘定（資産の減）※売上原価勘定を用いない。

販売代金と売り上げた金額の差額を商品販売益という収益の科目とする。

第１年度

仕入時点	（借）商　　品	1,000,000	（貸）買　掛　金		1,000,000
売上時点	（借）売　掛　金	1,040,000	（貸）商　　品		800,000
			商品販売益		240,000

分記法は，商品販売益は正しく表示されるが，商品については販売益だけでなく，売上高や売上原価などの項目も，財務諸表の読者にとっては重要であるため，この方法を用いることは少ない。ただし，商品と異なり，企業の主たる業務以外で生じた資産の売却による損益は，その取引金額を示すことにあまり意味がないので，分記法によって処理される。これには，有価証券の売買や，固定資産の売却などが該当する。

②　総記法

購入したと時点では商品勘定（資産）

販売代金も商品勘定で処理する。

第１年度

仕入時点	（借）商　　品	1,000,000	（貸）買　掛　金	1,000,000
売上時点	（借）売　掛　金	1,040,000	（貸）商　　品	1,040,000※

※この時点で資産としての商品勘定に，販売益分が記帳されることになり，商品勘定残高は貸方で40,000円になってしまう。このように総記法における商品勘定は，資産と収益がともに記載されるため，「混合勘定」ともいわれる。

商　　品

買　掛　金	1,000,000	売　掛　金	1,040,000

よって，決算時に以下の仕訳を追加し，結果的に分記法と同じ結果となるように修正する。

（商品）　240,000　（貸）商品販売益　240,000

商　　品

買　掛　金	1,000,000	売　掛　金	1,040,000
商品販売益	240,000		

商品販売益

		商　　品	240,000

（平野秀輔）

5　固定資産の取得と管理

(1)　固定資産の分類

固定資産とは，長期（一年以上）にわたって収益を獲得するために利用，もしくは保有する資産で，動産及び不動産（両者を合わせて「有形固定資産」という），無形固定資産，外部出資からなる。

(2)　有形固定資産

①　有形固定資産の内容

1)　建物

自己所有の建物のほか，暖房，照明，通風等の付属設備は建物として処理される。

2)　構築物

ドック，橋，駐車場舗装，岸壁，桟橋，軌道，貯水池，坑道，煙突その他土地に定着する土木設備又は工作物は構築物として処理される。

3)　機械装置

機械及び装置ならびにコンベヤー，起重機等の搬送設備その他の付属設備は機械装置として処理される。

4)　車両運搬具

自動車，フォークリフトその他の陸上運搬具は車両運搬具として処理される。

5)　器具備品

事務所で使用する家具，OA機器などは，器具・備品として処理される。

6)　土地

企業が所有する土地は，会計上も土地として処理される。

7)　建設仮勘定

1)から3)までの資産で，事業の用に供するものを建設する場合における前払支出（契約金，中間工事代金等）は，建設仮勘定として処理される。

(3)　有形固定資産の取得原価（当初帳簿記入額）の決定

1)　購入による場合

有形固定資産を購入した場合には，購入代価に引取運賃，買入手数料等の購入付随費用のほか，地ならし費，改造費，据付費，試運転費等の稼働できるまでに要した全ての費用を含めた金額をもって取得原価とする。購入に際して受けた値引，割戻額は取得原価から控除する。現金割引額は，利息相当額であると考えると事業外収益となるから取得原価から控除しない。しかし，固定資産の取得には多額の資金がかかるため，予め綿密な資金計画もたっていることが考えられ，現金割引額もこれを当初から受けることを予定していたような場合には，これを取得原価より控除することも考えられる。

（例1） 備品購入に当たり，購入代価1,000,000円を現金で支払った。なお，運送費20,000円，試運転費5,000円についても現金で支払った。また購入の際65,000円の値引を受けた。

（借）器具備品　960,000　（貸）現　　金　960,000

（例2） 工場を建設するため，山田設計事務所に設計料4,000,00円を当座預金より支払った。

（借）建設仮勘定　4,000,000　（貸）当座預金　4,000,000

（例3） 工場の建築について竹村工務店と契約し，第1回支払額12,000,000円を普通預金より振り込んだ。

（借）建設仮勘定　12,000,000　（貸）普通預金　12,000,000

（例4）建物及び内部の機械装置の配置が終わり竣工し，設計管理を担当した山田設計事務所の最終検査を経て，引渡が行われた。この時点までの建設仮勘定の借方残高は120,000,000円であり，これは次のように分類された。

建物90,000,000円　機械装置30,000,000円

（借）建　　物　90,000,000　（貸）建設仮勘定　120,000,000
　　　機械装置　30,000,000

2)　贈与を受けた場合

贈与を受けて固定資産を取得した場合には，受入資産の適正な時価をもって取得原価とする。

（例） 備品（取得原価8,000,000円，減価償却累計額4,800,000円，時価2,000,000円）の贈与を受けた。

（借）器具備品　2,000,000　（貸）固定資産受贈益　2,000,000

3)　圧縮記帳

国庫補助金等を受け入れて建物などを取得する場合，国庫補助金の受入額は一旦収益として計上される。例をあげて説明していくと次のようになる。

（例）　工場建設のため，国庫補助金300,000,000円を当座預金に入金した。

（借）当座預金　300,000,000　（貸）国庫補助金受入益　300,000,000

工場が完成し，工事代金600,000,000を当座預金より支払った。

（借）建　　物　600,000,000　（貸）当座預金　600,000,000

ここまでが通常の取引であるが，このままの会計では国庫補助金の受入益300,000,000円に対して法人税等の課税がなされ，例えば実効税率が35％だとした場合には300,000,000円×35％＝105,000,000円の資金を別に用意しなければ納税ができないことになる。すると，国庫補助金以外の資金が必要となるので，税法上は取得した資産の耐用年数にわたって課税を繰り延べる措置を認めており，この適用を受ける場合には，圧縮記帳という方法を取ることがある。圧縮記帳とは国庫補助金等の受入益と同額を圧縮損として計上し，相手科目として取得した資産の取得価額を直接減額する方法のことをいう。圧縮記帳の仕訳を示すと次のようになる。

（借）建物圧縮損　300,000,000　（貸）建　　物　300,000,000

この仕訳を行うことによって，建物圧縮損と国庫補助金受入益が貸借同額となることから，この取引からの当期の利益（課税所得）は生じないことになる。ただし，毎期計上される減価償却費は圧縮記帳を行わなかった場合より，少なく計上されるので，その結果，毎期の利益は増加し，その部分だけ課税所得が増えることになる[1]。

(4)　無形固定資産

無形固定資産の種類としては，法律上の権利，ソフトウェア，のれん，などがある。

①　法律上の権利

法律上の権利には以下のようなものがあるが，有形固定資産と同じ考え方で取得原価が決定される。

1）　特許権

特許権とは，特許を受けた発明を独占的に利用しうる権利をいい，これを有する場合には特許権として表示する。特許を自己の発明で取得した場合には，発明に要した支出に出願に要した付随費用を加算して取得原価とする。特許権を有償で譲り受けた場合には買収のために要した一切の費用をもって取得原価とする。

2）　借地権（地上権を含む）

借地権とは，他人所有の土地に自己所有の建物がある場合に生じる地上権及び賃借権であり，借地借家法の適用を受けるものである。借地権は土地の取得と同じように扱われ，その取得原価の計算方法は，有形固定資産に準ずる。

3）　商標権

商標権とは，一つの商品につき，その商標（営業上の標識）を登録することにより，その商標を排他的・独占的に利用する権利をいう。商標権の取得原価は特許権に準ずる。

4）　実用新案権

実用新案権とは，既存の物品についてその形状・構造又はその組み合わせに新たな考案を加え，実用上の利便を増進した際にこれを登録し，独占的・排他的に製造・販売する権利をいう。実用新案権の取得原価は特許権に準ずる。

5）　意匠権

一定の意匠に基づいた物品を製作・使用・販売又は拡布する独占的な権利をいう。意匠とは，物品の形状，模様，色彩又はそれらの結合されたもので新たに作り出されたものをいう。意匠権の取得原価は特許権に準ずる。

6）　鉱業権

鉱業法の規定により，政府の登録を受けた一定の土地で鉱物を採掘し，それを自己のものとする権利をいう。鉱業権の取得原価は特許権に準ずる。

7)　漁業権（入漁権を含む）

公有水面等において，漁具を定置し又は水面を区画し，もしくは占用して漁業を行う権利をいう。漁業権の取得原価は特許権に準ずる。

②　ソフトウェア

外部から有償で買い入れたコンピュータのプログラム（ソフトウェア）がこれに該当する。支出金額が取得価額となる。

③　経済的優位性

「のれん」がこれにあたり，法律上の権利と異なり，純会計的な資産である。のれんとは，他の企業よりその事業において経済的に優位な立場にある場合にその優位性を示すものである。のれんは老舗の企業や独自の技術を有する企業にあることが多いが，当該企業が自ら創り出したいわゆる「自己創設のれん」については，それを利用したことによる収益と，対応させるべき原価の基礎となるのれんの取得価額の見積りが困難なことから計上されない。そこで，のれんは有償で取得したもの，すなわち合併や営業権譲渡の際に支払った対価をもってその評価額とされる。

④　無形固定資産の取引処理例

（例１）　外部より特許権2,000,000円を現金で購入した。その際，仲介業者に購入手数料として400,000円を現金で支払った。

（借）特　許　権　2,400,000　（貸）現　　　金　2,400,000

（例２）　会計用ソフト　4,800,000円を現金で購入した。

（借）ソフトウェア　4,800,000　（貸）現　　　金　4,800,000

⑸　固定資産の管理

取得された固定資産については，固定資産台帳という補助簿に記入されて管理される。次頁に，その例を示す。なお，減価償却費や期中減少額は，第４章で述べることとする。

注

1　固定資産について圧縮記帳をする代わりに，固定資産の金額を減額せず，利益処分（第４章６参照）として，以下の仕訳をすることもある。

（借）圧縮積立金繰入額　300,000,000　（貸）圧縮積立金　300,000,000

固定資産管理台帳

資産コード	資産名	面積又は数量	取得年月日	取得価額	減価償却費の計算									摘要
					期首帳簿価額	償却方法	耐用年数	償却率	償却月数	当期増加額	当期減少額	減価償却費	期末帳簿価額	
	【建物】													
1	マンション	1棟	平成30年1月10日	100,000,000	97,800,000	定額法	47	0.022	12			2,200,000	95,600,000	
	【建物】期末合計			100,000,000	97,800,000							2,200,000	95,600,000	
	【器具備品】													
2	パソコン	2台	平成31年1月10日	800,000		定率法	4	0.500	12	800,000		400,000	400,000	
3	応接用セット	1式	平成31年9月30日	1,500,000		定率法	8	0.250	4	1,500,000		125,000	1,375,000	
	【器具備品】期末合計			2,300,000								525,000	1,775,000	
	合　計			102,300,000	97,800,000							2,725,000	97,375,000	

6　買掛金・未払金・支払手形・電子記録債務

ここでは，負債の科目である買掛金・未払金・支払手形・電子記録債務について述べていく。

⑴　買掛金

買掛金とは，通常の営業取引のなかで発生した未払債務である。すなわち，当該企業の営業活動によって購入する棚卸資産や外注加工賃の支払いなどの未払債務は買掛金として表示される。

⑵　未払金

未払金とは，支払手形，買掛金以外の未払債務である。

⑶　買掛金と未払金の相違

当該企業の営業活動によって購入する棚卸資産や外注加工賃の支払いなどの未払債務は買掛金として表示され，営業取引以外の物品購入や役務提供に対する未払債務は未払金として表示される。

⑷　買掛金と未払金の設例

①　買掛金

商品等の仕入を行い，代金が未払いの場合に用いられる。

（例）　商品20,000円を仕入れた。

（借）商　　品	20,000	（貸）買　掛　金	20,000

②　未払金

商品等の仕入以外の原因による取引で，代金が未払いの場合に用いられる。

（例）　10月分の電話料金について，12,000円の請求書が到着した。

（借）通　信　費	12,000	（貸）未　払　金	12,000

⑸　支払手形とは

支払手形とは，通常の営業取引に基づいて約束手形を振り出した場合及び為替手形を引き受けた場合の支払義務（手形債務）を示す科目である。金銭の借り入れや通常の営業取引以外の物品購入などのために振り出し，及び引き受けた手形債務はこの中には含まれない。

（例）　Ｓ社への買掛金1,000,000円の支払いのため，当社振出の約束手形を振り出した。

（借）買　掛　金　1,000,000　（貸）支払手形　1,000,000

⑹ 電子記録債務

電子記録債務は，買掛金，支払手形の代わりに，それを電子記録機関に登録した負債であり，性質は買掛金，支払手形と同じである。

（一井大平）

7　その他の負債[1]

買掛金・未払金・支払手形・電子記録債務以外の負債としては，借入金・前受金・預り金等がある。

⑴ 借入金

借入金とは，借用証書や約束手形を差し入れ，または金銭消費貸借契約などに基づいて金銭の借入をすることにより発生する債務のことである。

証書借入とは，借入に際して金銭消費貸借契約書を作成することであり，手形借入とは契約書の代わりに約束手形を発行することを指す。

（例）　4月1日，金融機関より，証書借入で10,000,000円借り入れた。

（借）普通預金　10,000,000　（貸）借　入　金　10,000,000

⑵ 前受金

得意先などから商品の予約を受けた際に，商品代金の一部として受け取る予約金及び建設や役務提供の請負に対して受け取った着手金などは，前受金として表示される。

なお一定の継続的役務提供契約に基づく前受部分は前受収益となり，両社は区別される[2]。

（例）　5月2日，得意先から商品代金の一部720,000円を予約金として受け取った。

（借）普通預金　720,000　（貸）前　受　金　720,000

⑶ 預り金

役員及び従業員の給与に対する源泉所得税・住民税及び社会保険料等は，給与より控除されて支給されるが，これらは原則として翌月に税務署，各市区町村及び社会保険事務所等へ本人に代わって企業が納付する。そこで，給与支給から納付までの期間について，これらの金額を処理するものが預り金である。預り金はこのほかに，社内預金や短期的な保証金の受入れにも用いられる。

（例１）　10月25日給与9,000,000円の支払いにあたり，源泉所得税920,000円，住民税300,000円，社会保険料の個人負担分640,000円を控除して普通預金より各人の口座に支払った。

（借）給与(手当)	9,000,000	（貸）預　り　金	1,860,000
		普通預金	7,140,000

（例２）　10月31日，会社負担分と合わせた社会保険料1,280,000円が普通預金より社会保険事務所から引き落とされた。

（借）法定福利費[3]	640,000	（貸）普通預金	1,280,000
預　り　金	640,000		

（例３）　11月10日，源泉所得税と住民税を普通預金から納付した。

（借）預　り　金	1,220,000	（貸）普通預金	1,220,000

注

1　負債として，引当金（第13章参照），経過勘定項目（第４章参照）を本書では記述している。また，JA 特有の負債についても，第６章～第10章で記述している。

2　企業会計原則注解５(2)，第４章３参照。

3　本章９(4)参照。

8　資本金及びその他の純資産

(1)　資本金とは

個人企業の場合は，資本金とは当初事業主が事業に出資した金額，及び過年度の利益（または損失）の累計額となる。

会社においては，出資者（株主等）から払込みを受けた返済不要の資金のうち，資本金として会社の登記簿に記載された金額をいう。

(2)　資本金の設例

（例１）　株式会社を設立し，400株（一株の払込金額50,000円）の払い込みを受けた。払込金は銀行で保管証明を受けた後，直ちに普通預金とされた。払込金は全額資本金とした。

（借）普通預金	20,000,000	（貸）資　本　金	20,000,000

（例２） 増資を行うことになり株主を募集し，200株（一株の払込金額50,000円）の払い込みを普通預金に受けた。

（借）普通預金　10,000,000　　（貸）新株式申込証拠金　10,000,000

（例３） （例２）の増資について，増資登記を行った。

（借）新株式申込証拠金　10,000,000　　（貸）資本金　10,000,000

(3) 純資産と剰余金

貸借対照表の資産から負債を控除した金額を純資産という。このうち，株主等に帰属する部分を「株主資本」といい，株主資本の中には，資本金のほか，剰余金が含まれている。剰余金はさらに資本剰余金と利益剰余金に分類されるが，本書では資本剰余金のうち，資本準備金についてのみ記載することとする。利益剰余金については，第４章で説明することとする。

また，純資産のうち株主等に帰属しないものは「評価・換算差額等」とされるが，これについては，第12章で説明することとする。

(4) 資本準備金

株式払込剰余金，組織再編成を行った際に生じる資本剰余金，ならびにその他資本剰余金の配当をした場合に積み立てられる剰余金を資本準備金という[1]。

株式払込剰余金とは，出資者から株式金額の払込を受けた金額のうち，資本金として計上されなかった部分をいう。株式会社においては，その払込金額の２分の１を超えない部分を資本金としない，すなわち，株式払込剰余金とすることが会社法において認められており，資本準備金として表示される。

組織再編成を行った場合において，受入純資産の額が増加した資本金の金額より大きいときは，その差額については，契約等により資本準備金として計上される。

その他資本剰余金を減少させ配当をする場合には，株式会社はその配当により減少する剰余金の額に10分の１を乗じて得た額を資本準備金として計上しなければならない。ただし，準備金の額（資本準備金と利益準備金の合計額）が資本金の４分の１相当額に達した場合には，この必要はない[2]。

（例） 資本需要が増加したため1,000,000株の増資を行った。払込金額は@1,000円であり，払込金額のうち，２分の１は資本金に組み入れないこととした。払込代金は払込期日までに普通預金とされ，直ちに登記手続きが取られた。

（借）普通預金 1,000,000,000　（貸）資　本　金 500,000,000
資本準備金 500,000,000

注

1　『江頭憲治郎　2015』661頁によれば，資本準備金について，「性質が資本金に近く分配可能額とするのに適しないことから，準備金として積み立てることが要求されるもの，または，将来会社の経営が悪化し欠損が生じた際に取り崩してその填補に当てること（会社法449条第1項但書，会社計算規則151条）ができるよう，その他資本剰余金（会社計算規則76条4項2号）の中から積み立てることが要求されるものである。」と解説している。

2　会社法445条，会社計算規則45条より。

（三井　亮）

9　販売費及び一般管理費

販売費とは，商品等を販売するために要した費用のうち，売上原価（商品代金）とされないものをいう。一般管理費とは，販売に直接関係しないが，企業の活動に不可欠な総務・経理・人事・システム等の管理部門，及びどの部門にも属さないが，通常の活動を行っている中で経常的に発生する費用をいう。これには以下のようなものがある。

⑴　販売手数料

商品の販売やサービスの提供に関して，あらかじめ定められた契約にもとづいて，代理店等へ支払う手数料を処理する費用勘定をいう。

（例）　代理店に対して販売委託契約にもとづき，売上5,000,000円の10%の手数料500,000円を現金で支払った。

（借）販売手数料　500,000　（貸）現　金　500,000

⑵　広告宣伝費

不特定多数の人を対象に，商品やサービスの販売促進を目的とした広告宣伝，会社のイメージアップを目的とした広告宣伝などの費用勘定をいう。

（例）　パンフレット作製費用として，広告会社に350,000円を現金で支払った。

（借）広告宣伝費　350,000　（貸）現　金　350,000

⑶ 運　賃

得意先等へ商品を販売するための荷造と発送にかかる費用などを処理する費用勘定をいう。

（例） 得意先に商品を納品した際にかかった送料30,000円を現金で支払った。

（借）運　　賃　30,000　（貸）現　　金　30,000

⑷ 給料手当・法定福利費

給料手当（あるいは給与）とは，所得税法上の給与所得のうち，雇用契約にもとづき従業員に支払われる給与等その他や金銭以外の経済的利益を処理する費用勘定をいう。また，法定福利費とは社会保険料や雇用保険料のうち会社が負担すべき金額を処理する費用勘定をいう。

（例１） 従業員に給与800,000円を支給するにあたり，源泉所得税35,000円，住民税30,000円，社会保険料70,000円を控除して普通預金から振込で支払った。

（借）給与手当　800,000　（貸）普通預金　665,000
　　　　　　　　　　　　　　　　預 り 金　135,000

（例２） 社会保険料140,000円を現金で支払った。なお，半額は従業員の負担分であり，既に「預り金」勘定で処理されている。

（借）法定福利費　70,000　（貸）現　　金　140,000
　　　預 り 金　70,000

⑸ 通信費

電話・郵便・テレビ・インターネットなどの通信に要した費用を処理する費用勘定をいう。

（例） 電話料金20,000円が普通預金口座から引き落とされた。

（借）通 信 費　20,000　（貸）普通預金　20,000

⑹ 福利厚生費

役員や従業員の福利厚生のために，給与，交際費（⑻参照）以外に全員に平等に支出する費用を処理する費用勘定をいう。

（例） 忘年会を実施し，その費用250,000円を現金で支払った。

（借）福利厚生費　250,000　（貸）現　　金　250,000

⑺　水道光熱費

電気・ガス・水道などの費用を処理する費用勘定をいう。

（例）　水道代18,000円が普通預金から引き落とされた。

（借）水道光熱費　18,000　（貸）普 通 預 金　18,000

⑻　交際費

得意先，仕入先その他事業に関係ある者等に対する接待，供応，慰安，贈答その他これらに類する行為のために支出する費用を処理する費用勘定をいう。

（例）　得意先を高級料理店で接待し，120,000円を現金で支払った。

（借）交　際　費　120,000　（貸）現　　　金　120,000

10　その他の収益及び費用

売上原価・販売費及び一般管理費に含まれない費用，及び売上高以外の収益には以下のようなものがある。

⑴　受取販売手数料（収益）

受託販売による販売手数料の受取分を処理する収益勘定をいう。

（例）　受託販売による販売手数料40,000円を現金で受け取った。

（借）現　　　金　40,000　（貸）受取販売手数料　40,000

⑵　為替差損益（収益又は費用）

外国通貨や外貨建債権債務を有している場合など外国為替相場の変動により生じた収益又は損失を処理するための収益又は費用勘定をいう。

（例１）　先月2,000＄（1＄@100円）で売り上げた商品代金が，普通預金の口座に振り込まれた。当日の為替レートは1＄@110円である。

（借）普 通 預 金　220,000　（貸）売　掛　金　200,000
　　　　　　　　　　　　　　　　為替差損益　20,000

（例２）　先月2,000＄（1＄@100円）で売り上げた商品代金が，普通預金の口座に振り込まれた。当日の為替レートは1＄@85円である。

（借）普 通 預 金　170,000　（貸）売　掛　金　200,000
　　　為替差損益　30,000

⑶ 受取利息（収益）

普通預金や定期預金などの銀行等の預金利息や貸付金などに関して受け取った利息を処理する収益勘定をいう。

（例） 預金利息2,000円が，普通預金の口座に振り込まれた。

（借）普 通 預 金	2,000	（貸）預 金 利 息	2,000

⑷ 支払利息（費用）

銀行等の金融機関・取引先からの借入金などの利息や信用保証協会の信用保証料を処理する費用勘定をいう。

（例） 銀行から借り入れた5,000,000円の返済期日が来たため，普通預金の口座から550,000円振り込んだ。なお，550,000円のうち50,000円は支払利息である。

（借）借 入 金	500,000	（貸）普 通 預 金	550,000
支 払 利 息	50,000		

⑸ 受取配当金（収益）

株式などの配当金を処理する収益勘定をいう。

（例） 株式を保有するＡ株式会社から，配当金70,000円が普通預金の口座に振り込まれた。

（借）普 通 預 金	70,000	（貸）受取配当金	70,000

⑹ その他

上記⑴から⑸までの収益及び費用は，毎期発生することが考えられる。一方で，使用しなくなった固定資産を売却した場合（第４章２参照）や，天災やその他の原因によって資産が減少した場合（第17章参照）などは，臨時的な収益及び費用が生ずることがある。

（安栖智史）

第4章　決　　算

1　決算とは何か

第２章９では，貸借対照表や損益計算書などの財務諸表を作成し，一会計期間の帳簿記入をすべて終了させることを「決算」といった。ここでは，それについてより詳しく述べることとする。

⑴　決算の意義

決算とは，永遠に続くと仮定される企業[1]について，人為的に期間を区切り「会計期間[2]」とし，その期間における損益及びその時点における財政状態（資産・負債・純資産の状態）を明らかにするために，財務諸表（貸借対照表，損益計算書等）を作成し，かつ，一会計期間における帳簿の記入を締め切る手続きである。

また，会計期間の最初の日を「期首」，末日を「期末」あるいは「決算日」とよぶ。

⑵　決算仕訳

決算においては，通常の取引の帳簿記入に加えて，決算特有の仕訳が作成される。

①　決算整理仕訳

第２章では，通常の帳簿記入の結果から，そのまま貸借対照表と損益計算書を作成する手続きを説明した。しかし，通常の帳簿記入の結果だけで，決算を終えることは一般的ではない。決算にあたっては，期末時点の資産・負債・純資産及び一会計期間の収益・費用を正しく計算するために，通常の帳簿記入（これを「取引記録」とか「期中取引」という）の結果を修正する。これを決算整理（決算修正）という。決算整理も仕訳を伴って行われ，これを決算整理仕訳といい，当然に総勘定元帳にも転記される。

本章では，固定資産の減価償却，経過勘定項目，貯蔵品の処理，剰余金の処理について述べることとする。なお，商品勘定については，既に第３章４において，決算整理仕訳を説明している。

② 決算振替仕訳

第２章で述べたように，収益・費用に関する総勘定元帳を締め切るために，それを「損益」勘定に振り替え，損益勘定の残高を繰越剰余金勘定に振り替える仕訳を，「決算振替仕訳」という[3]。

決算振替仕訳と決算整理仕訳を合わせて「決算仕訳」ということもある。

⑶ 帳簿の締め切り

第２章で述べたように，必要な仕訳及び総勘定元帳への記入がすべて終わったら，当該会計期間の帳簿を締め切り，後から加筆・修正等ができないようにする。

⑷ 財務諸表の作成

帳簿記録や試算表から，財務諸表（貸借対照表，損益計算書等）を作成し，ステークホルダーに報告する。

注

1 これを継続企業の公準（前提）という。通常の企業は廃業する時期を予め定めていないから，逆に言えば永遠に存続する前提で活動している。しかし，そのような状態では，ステークホルダーに企業の状態を報告する時点が定まらない。そこで，会計期間を定め，その期間における経営成績（損益計算書）及び期間の末日における財政状態（貸借対照表）等を報告することになる。

2 例えば，「×1年４月１日から×2年３月31日」のように，一年間を会計期間と定めることが通常である。

3 大陸法においては，（閉鎖）残高勘定への振り替えも含まれる。

（平野秀輔）

2 固定資産の減価償却

⑴ 減価償却とは

固定資産は使用もしくは利用するために取得するが，これは使用や時の経過などによりその価値が減少する。しかしながら取得原価のままでは，この価値の減少を簿記上反映することができない。例えば，６年間使用できる車両を4,800,000円で現金で購入したとすると，当然以下のような仕訳がなされる。

（借）車両運搬具　　4,800,000　　（貸）現　　金　　4,800,000

この仕訳では資産として4,800,000円が計上されるが，このままでは車両を使用することによる価値の減少は記帳されないことになる。もし，この車両の価値が毎年均一に減少するとしたら，１年間で800,000円（4,800,000÷６年）ずつ資産の価値を減少させなければいけないことになる。

そこで「減価償却」という会計特有の手続きを行うことによって，この価値の減少を記帳することが行われる。減価償却とは，固定資産の取得原価を当期と次期以降の期間に配分する会計的な手続きをいい，具体的には資産価値の減少分を「減価償却費」という費用の科目で処理し，資産の金額を減少させる。

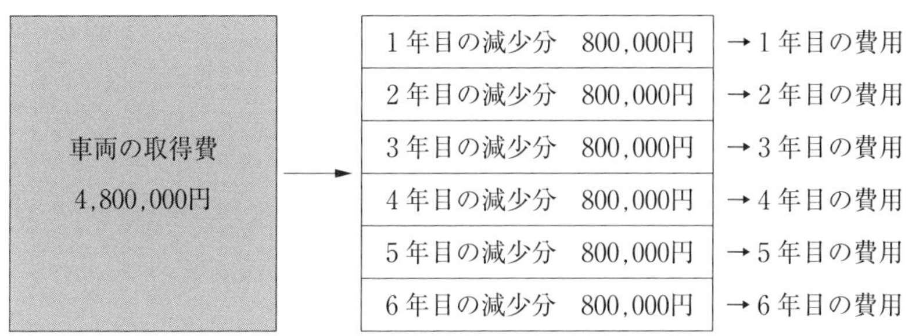

なお，固定資産の中でも土地のようにその価値が使用によって減少しないものは減価償却されない。このような資産を「非減価償却資産」といい，減価償却を行う資産を「減価償却資産」とよんでいる。

⑵　償却の３要素と正規の減価償却

減価償却を行うには，いくらで取得して，何年使えて，使用後はいくらで処分できるかということを予め決定もしくは見積もることが必要となり，それぞれ「取得原価」，「耐用年数」，「残存価額」とよばれ，これを減価償却の３要素といっている。

減価償却は取得原価を決定したら，その資産ごとの耐用年数及び残存価額を見積もり，毎期計画的・規則的に償却を行わなければならない。このような減価償却を「正規の減価償却」という。ただし，実務においては耐用年数の見積もりに困難を伴う場合が多いため，法人税法に定める個々の資産についての耐用年数（法定耐用年数といっている）を用いるのが通常となっている。また，残存価額は財務省令の規定に基づき０％（ただし平成19年４月１日以前に取得した有形固定資産については10%）とすることが多くなっている。ただし，この場合には最終的に備忘価額の１円は残すことになり，最終年度の償却費は計算値から１円を控除した額となる。

減価償却の３要素
①　取得原価
②　耐用年数
③　残存価額

⑶　減価償却費の計算方法

減価償却費の計算方法には，「定額法」と「定率法」の二つが一般的に採用されている。企業では各資産の種類ごと・事業所ごとに減価償却の方法を選択し，それを毎期継続適用して償却費の計算を行うことになる。

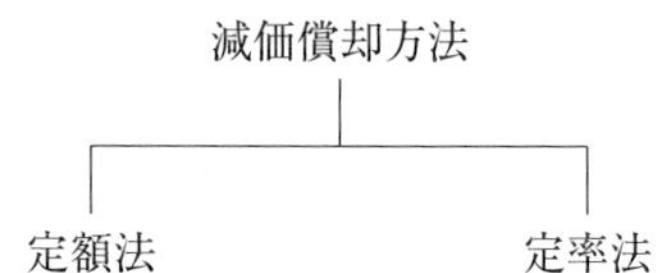

①　定額法

定額法とは，固定資産の耐用期間中，毎期均等額の減価償却費を計上する方法であり，この方法によると毎期の減価償却費は次のような算式で計算される。

毎期の減価償却費＝(取得原価－残存価額)÷耐用年数

この方法は毎期一定額の減価償却費が計上され，計算も簡単なことから分かり易い方法といえる。ここで（取得原価－残存価額）は「要償却額」といわれ，すでに償却済の減価償却費の累計額は，「減価償却累計額」とよんでいる。そして取得原価から減価償却累計額を控除したものを「未償却残高」という。

②　定率法

定率法とは，固定資産の耐用期間中，毎期期首未償却残高に一定率を乗じた減価償却費を計上する方法であり，この方法によると毎期の減価償却費は次のような算式で計算される。

毎期の減価償却費＝期首未償却残高×定率

この定率は数学では次のように計算される。

定率$=1-\sqrt[n]{残存価額÷取得原価}$（nは耐用年数）

しかしながら実務上は法人税法における有形固定資産の残存価額が平成19年3月31日までは10％とされていたために，「残存価額÷取得原価」が0.1となることから，耐用年数に応じた償却率が予め計算されており，その一例をあげると次のようになる。

耐用年数	償 却 率
2年	0.684
3年	0.536
4年	0.438
5年	0.369
6年	0.319

定率法は計算が定額法に比較してやや煩雑であるが，固定資産が新しいほど多額の減価償却費が計上でき，古くなると減価償却費が少なく計上されるという特徴がある。

③　法人税法上の定率法

平成19年4月1日以降から取得する固定資産に適用されているもので，財務省令で定められている方法である。具体的には残存価額を0，償却率を定額法によった場合の250％（平成19年4月1日から平成24年3月31日までに取得した場合）もしくは200％（平成24年4月1日以降に取得した場合[1]）として，定率法の減価償却の計算式に当てはめて毎期の減価償却費を計算する方法である。

ただし，これには保証率と改定償却率が定められており，算式によって計算した額が保証額（保証率×取得価額）に満たない場合には，その時点での期首の未償却額を改定取得価額とし，これに改定償却率を乗じた金額を備忘価額の1円に達するまで償却することができる。財務省令の償却率，改定償却率，保証率の一部を示すと次のようになる。

耐用年数	250%定率法			200%定率法		
	償却率	改定償却率	保証率	償却率	改定償却率	保証率
2年	1.000	—	—	1.000	—	—
3年	0.833	1.000	0.02789	0.667	1.000	0.11089
4年	0.625	1.000	0.05274	0.500	1.000	0.12499
5年	0.500	1.000	0.06249	0.400	0.500	0.10800
6年	0.417	0.500	0.05776	0.333	0.334	0.09911
7年	0.357	0.500	0.05496	0.286	0.334	0.08680
8年	0.313	0.334	0.05111	0.250	0.334	0.07909
9年	0.278	0.334	0.04731	0.222	0.250	0.07126
10年	0.250	0.334	0.04448	0.200	0.250	0.06552

（例） 取得原価2,400,000円のコンピュータ（器具備品）を，耐用年数5年，残存価額0％（ただし「定率法」では10%）で減価償却する。

《1　定額法の場合》

	減価償却費	減価償却累計額	未償却残高
1年目	480,000円	480,000円	1,920,000円
2年目	480,000円	960,000円	1,440,000円
3年目	480,000円	1,440,000円	960,000円
4年目	480,000円	1,920,000円	480,000円
5年目	479,999円	2,399,999円	1円

毎年の減価償却費＝2,400,000÷5年

減価償却累計額＝減価償却費＋過年度の減価償却費

未償却残高＝取得原価－その年の減価償却累計額

※最終年度は1円を残す

《2　定率法の場合》

	減価償却費	減価償却累計額	未償却残高
1年目	885,600円	885,600円	1,514,400円
2年目	558,813円	1,444,413円	955,587円
3年目	352,611円	1,797,024円	602,976円
4年目	222,498円	2,019,522円	380,478円
5年目	140,478円	2,160,000円	240,000円

1年目の減価償却費＝2,400,000×0.369

2年目から4年目の減価償却費＝前年末未償却残高×0.369

5年目の減価償却費＝4年目の未償却残高－残存価額240,000円

※5年目の償却費は端数調整のため上記の式によった。

《3　法人税法上の定率法（250%）の場合》

保証率は0.06249，改定償却率は1とする。

	減価償却費	減価償却累計額	未償却残高
1年目	1,200,000円	1,200,000円	1,200,000円
2年目	600,000円	1,800,000円	600,000円
3年目	300,000円	2,100,000円	300,000円
4年目	150,000円	2,250,000円	150,000円
5年目	149,999円	2,399,999円	1円

250%の償却率＝(1÷5年)×250%＝0.5

1年目の減価償却費＝2,400,000円×0.5

2年目から4年目までの減価償却費＝前年末の未償却残高×0.5

5年目の減価償却費

A　調整前減価償却費＝150,000円×0.5＝75,000円

B　保証額＝2,400,000円×0.06249＝149,976円

B＞Aであるため改定取得価額に改定償却率を乗じて減価償却費を求める。

改定取得価額150,000円×改定償却率１＝150,000円

ただし１円の備忘価額を残すため150,000円－１円＝149,999円となる。

《4　法人税法上の定率法（200％）の場合》

保証率は0.10800，改定償却率は0.500とする。

	減価償却費	減価償却累計額	未償却残高
1年目	960,000円	960,000円	1,440,000円
2年目	576,000円	1,536,000円	864,000円
3年目	345,600円	1,881,600円	518,400円
4年目	259,200円	2,140,800円	259,200円
5年目	259,199円	2,399,999円	1円

200％の償却率＝(１÷５年)×200％＝0.4

１年目の減価償却費＝2,400,000円×0.4＝960,000円

２年目及び３年目の減価償却費＝前年末の未償却残高×0.4

４年目の減価償却費

A　調整前減価償却費＝518,400円×0.4＝207,360円

B　保証額＝2,400,000円×0.10800＝259,200円

Ｂ＞Ａであるため改定取得価額に改定償却率を乗じて減価償却費を求める。

改定取得価額518,400円×改定償却率0.5＝259,200円

５年目の減価償却費

改定取得価額518,400円×改定償却率0.5－1円＝259,199円※

※改定取得価額と改定償却率を適用した以降は定額計算となる。

⑷　減価償却の記帳方法

計算された減価償却費を記帳する方法には，「直接減額法」と「間接控除法」の二つがあり，⑶の《2　定率法の場合》をもとに仕訳を示すことにする。

① 直接減額法

器具備品	
取得価額	減価償却費

減価償却費を資産の取得原価から直接控除する方法で，資産の価値を直接的に示すが，資産の取得原価や減価償却累計額が帳簿の上では分からなくなるという欠点を持っている。

1年目	（借）	減価償却費	885,600	（貸）	器具備品	885,600
2年目	（借）	減価償却費	558,813	（貸）	器具備品	558,813
3年目	（借）	減価償却費	352,611	（貸）	器具備品	352,611
4年目	（借）	減価償却費	222,498	（貸）	器具備品	222,498
5年目	（借）	減価償却費	140,478	（貸）	器具備品	140,478

② 間接控除法

器具備品	
取得価額	

減価償却累計額	
	減価償却費

直接減額法の欠点を補うもので，減価償却費相当額を「減価償却累計額」という勘定を用いて記帳する方法である。この勘定は簿記においては負債と同じように扱われるが，貸借対照表では固定資産の控除項目となる。

1年目	（借）	減価償却費	885,600	（貸）	減価償却累計額	885,600
2年目	（借）	減価償却費	558,813	（貸）	減価償却累計額	558,813
3年目	（借）	減価償却費	352,611	（貸）	減価償却累計額	352,611
4年目	（借）	減価償却費	222,498	（貸）	減価償却累計額	222,498
5年目	（借）	減価償却費	140,478	（貸）	減価償却累計額	140,478

(5) 期中取得資産の減価償却

実際の固定資産の取得は，期首に行われることはまれで，その期の途中月に行われることがほとんどである。この場合には，取得した最初の年の減価償却費は次のように計算され，これを月割計算とよんでいる。

最初の年の減価償却費＝一年間の減価償却費
÷12ヶ月×(取得した月から期末日までの月数)
※一月に満たない月数は切り上げ

このように期中取得資産の減価償却費は，まず一年分の償却費を計算し，当該金額を月割計算（取得月を含む）することによって計算される。なお，取得月と使用開始月が異なる場合には，使用開始月より償却費が計算される。

（例１）　×1年１月25日に取得した器具備品4,000,000円（耐用年数８年）について250％定率法による減価償却を行う。なお決算は×1年３月31日終了する１年である。

（借）	減価償却費	312,500	（貸）	器具備品減価償却累計額	312,500

4,000,000×0.3125※÷12ヶ月×３ヶ月＝312,500円

※(１÷８)年×250％＝0.3125

（例２）　×年９月１日に引き渡しを受けた建物80,000,000円（耐用年数40年，残存価額０％）について定額法による減価償却を行う。ただし，この建物の使用開始は×年11月30日であり，決算は×1年３月31日に終了する１年である。

（借）	減価償却費	833,333	（貸）	建物減価償却累計額	833,333

80,000,000円÷40年÷12ヶ月×５ヶ月＝833,333円

⑹　無形固定資産の償却

無形固定資産の償却は，全て残存価額０の定額法により，直接減額法によって行われる。なお，期中取得のものは月割計算を行うことになる。

①　法律上の権利の償却

無形固定資産は，借地権や電話加入権を除いて，その権利は法律の期限の満了によって消滅するから，最長でも法定期限内に償却することになる（税法の耐用年数は法律上の権利年数より短い)。

（例）　期末につき，期首に取得した特許権2,400,000円を償却する。償却期間は８年とする。

（借）特許権償却	300,000	（貸）特　許　権	300,000

②）　ソフトウエアの償却

ソフトウエアについてはそれを使用する期間によって償却することになるが，実務上は税法を考慮して５年で償却するか，あるいは一括償却する。

（例）　期末につき，期首に取得した4,800,000円のソフトウエアの償却を行う。償却期間は５年とする。

（借）ソフトウエア償却	960,000	（貸）ソフトウエア	960,000

⑺　固定資産の除却処理

耐用年数が全て経過したり，不具合が生じて使えなくなった固定資産の使用を止めて，事業の用に供さなくすることを「除却」という。除却の際には未償却残高及び除却に要する費用を「固定資産処分損」という特別損失（簿記では費用と同じ扱い）の科目で処理する。なお，この処理は必ずしも決算整理で行うものではなく，期中取引において処理されることもある。

（例）　⑶の《２　定率法の場合》のコンピュータを耐用年数５年が経過後除却した。これに伴い処分費として20,000円を現金で支払った。

《直接減額法の場合》

（借）固定資産処分損	260,000	（貸）器具備品	240,000
		現　　金	20,000

《間接控除法の場合》

（借）減価償却累計額	2,160,000	（貸）器具備品	2,400,000
固定資産処分損	260,000	現　　金	20,000

⑻　固定資産を売却処分した場合の処理

通常固定資産は耐用年数の到来まで使用することが前提とされているが，例外的にこれを売却処分することがある。固定資産を処分した結果，帳簿価額（＝取得原価－減価償却累計額，つまり未償却残高と同じになる）より高い価額で売却した場合には「固定資産処分益」という勘定で，低い価額で売却した場合には「固定資産処分損」という勘定でそれぞれ処理され，簿記ではそれぞれ収益，費用と同じ扱いになる。なお，この処理は期中取引において処理されることが普通である。

帳簿価額	売却損
	売却価額

売却益	売却価額
帳簿価額	

（例１） 車両（取得原価3,500,000円，減価償却累計額2,400,000円）を800,000円で売却し，代金は翌月末の受取とした。

《直接減額法の場合》

（借）	未収金	800,000	（貸）車両運搬具	1,100,000
	固定資産処分損	300,000		

《間接控除法の場合》

（借）	未収金	800,000	（貸）車両運搬具	3,500,000
	減価償却累計額	2,400,000		
	固定資産処分損	300,000		

（例２） 取得価額50,000,000円の土地を80,000,000円で売却し，代金は当座預金に振り込まれた。

（借）	当座預金	80,000,000	（貸）土地	50,000,000
			固定資産処分益	30,000,000

注

1　ただし，平成24年４月１日以降の取得であっても，その取得事業年度が平成24年３月31日以前に開始していれば，当該事業年度中に取得した固定資産については，平成24年４月１日以前に取得したとみなして250％定率法を適用できる経過措置がある。

3　経過勘定項目

(1)　経過勘定項目とは

不動産の賃貸，定期貯金，火災保険などは一定の期間を決めて契約されるが，これらを会計では「継続的な役務提供（もしくは給付）契約」という。

これらは商品の売り上げなどと異なり，時間の経過と共に役務の提供を受け，もしくは供給を行うことになる。期中取引においては，これらに関する収益・費用の仕訳は収入・支出が行われた「時点」で，収入・支出の「金額」に基づいて計上される。しかしながら，収入・支出の対象期間と企業の会計期間が一致することはまれで，収入・支出の対象期間と会計期間に違いが生じているのが通常である。

決算は当該会計期間に対する収益・費用を確定させることを目的として行うので，これらの契約の「収入・支出に基づく帳簿記録」と，「あるべき収益・費用」の相違を調整する必要があり，この結果として前払費用・未収収益という「資産勘定」，未払費用・前受収益という「負債勘定」が計上されることになる。これらを総称して「経過勘定項目」とよんでいる。

経過勘定項目

- 資産
  - 前払費用（前払保険料，前払賃借料等）
  - 未収収益（未収貸付金利息，未収預金利息等）
- 負債
  - 未払費用（未払委託費，未払賃借料等）
  - 前受収益（前受賃貸料，前受貸付金利息等）

前払費用・未収収益・未払費用・前受収益という科目はさまざまな収益・費用をまとめた科目であるので各収益や費用の名称を利用した勘定科目が簿記では多く用いられており，例えば「前払保険料」，「未収貸付金利息」，「未払賃借料」，「前受賃貸料」などの科目が使用される。

(2)　前払費用

前払費用とは，一定の契約に従い，継続的に役務の提供を受ける場合に未だ提供されていない役務に対し支払われた対価をいう。例えば建物の火災保険契約を次のように締結したとする。

火災保険期間：×2年２月１日から×3年１月31日

会計期間：×1年４月１日から×2年３月31日

保険料の支払日：×2年２月１日

支払金額：一年分として480,000円（現金払い）

保険期間は12ヶ月であるが，このうち当会計期間に該当する部分は２月と３月の２ヶ月分であり，残りの10ヶ月分は翌期の会計期間に該当することになる。そこでこの10ヶ月分は当会計期間の費用ではないので，保険料という費用科目を減少させ前払費用という資産の科目に振り替えることになる。

（×2年２月１日の仕訳）

（借）	保　険　料	480,000	（貸）現　　　金	480,000

（決算整理仕訳）

（借）	前払費用又は 前払保険料	400,000	（貸）保　険　料	400,000

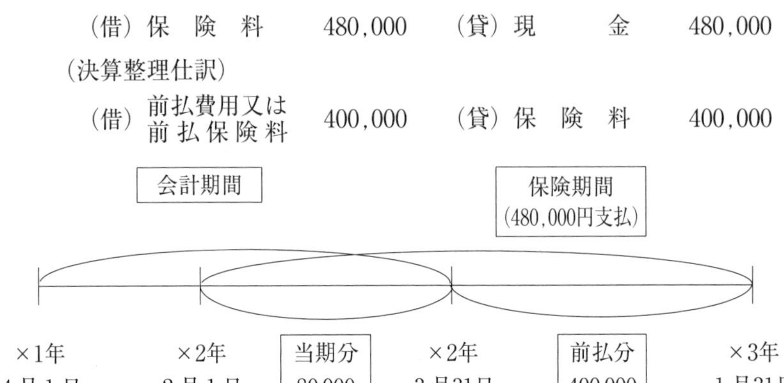

⑶　未収収益

未収収益とは，一定の契約に従い，継続して役務の提供を行う場合，すでに提供した役務に対して未だその対価の支払を受けていないものをいう。

例えば，資金を貸し付けて，利息を後受けとした場合などは，すでに金銭の貸付という役務を提供しているにもかかわらず,その対価である利息収入を受け取っていないことになり，このような場合には会計期間に対する利息額を収益として貸付金利息を計上すると共に，資産としての未収収益を計上することになる。

（例）　貸付金に対する未収利息を計算した結果，当期の収益とすべき金額は4,000,000円であった。

（借）未収収益又は未収貸付金利息　4,000,000

（貸）貸付金利息　4,000,000

⑷　未払費用

未払費用とは，一定の契約に従い，継続して役務の提供を受ける場合，すでに提供された役務に対して未だその対価の支払が終わらないものをいう。

例えば，⑶の未収収益の相手側はすでに金銭を借りているにもかかわらず,その対価である利息を支払っていないことになり，このような場合には当該会計期間に対応する利息額を計算し，費用として借入金利息を計上すると共に，負債としての未払費用を計上することになる。

（例）　決算に当たり，借入金に対する未払利息は10,000,000円と計算された。

（借）支払利息　10,000,000

（貸）未払費用又は未払借入金利息　10,000,000

(5)　前受収益

前受収益とは，一定の契約に従い，継続して役務の提供を行う場合，未だ提供していない役務に対し支払を受けた対価をいう。

例えば，建物の賃貸において翌月分の賃料をその前月末（すなわち当月末）までに受け取る契約がある場合，実際の役務の提供は翌月であるのに入金は当月となり，入金の時点で賃貸料勘定を用いて処理されていることから，期中の簿記では前倒しで収益が計上されていることになる。そこで賃貸料勘定を減少させ，負債である前受収益に振り替えることになる。

（例）×2年３月28日，建物の４月分家賃500,000円を現金で受け取った。ただし決算日は×2年３月31日である。

（３月28日の仕訳）

（借）現　　金　500,000　（貸）賃　貸　料　500,000

（決算整理仕訳）

（借）賃　貸　料　500,000

（貸）前受収益又は前受賃貸料　500,000

（三宅宏史）

4　貯蔵品の処理

商品や製品以外で，期末において未だ使用されていない消耗品や郵便切手などの物品は，貯蔵品もしくは消耗品という資産の勘定科目で処理される。

（例）

①　事務用品100,000円を現金で購入した。

（借）消耗品費　100,000　（貸）現　　金　100,000

②　期末において事務用品の棚卸をしたところ50,000円分が未使用であった。

（借）貯蔵品（もしくは消耗品）　50,000
（貸）消 耗 品 費　50,000

5　再振替

(1)　前払費用と前受収益の再振替

前払費用と前受収益は資産もしくは負債のままにしておいては，いつまでも費用もしくは収益とならないことになる。ただし，これらは翌期以降には費用もしくは収益となることが予め判っているので，翌期首に決算整理と反対の仕訳（これを「再振替仕訳」という）を行う。

これを行うことによって前払費用は翌期の費用，前受収益も翌期の収益として処理されることになり，資産・負債として計上されていたこれらの経過勘定はその段階で残高が0となる。前払費用，前受収益の例について再振替仕訳と総勘定元帳の記入を示すと次のようになる。

（×2年3月31日決算整理仕訳）
（借）前 払 費 用　400,000　（貸）保 険 料　400,000
（借）賃 貸 料　250,000　（貸）前 受 収 益　250,000
（×2年4月1日の仕訳）
（借）保 険 料　400,000　（貸）前 払 費 用　400,000
（借）前 受 収 益　250,000　（貸）賃 貸 料　250,000

前　払　費　用

3/31	保険料	400,000	3/31	次期繰越	400,000
4/ 1	前期繰越	400,000	4/ 1	保険料	400,000

前　受　収　益

3/31	次期繰越	250,000	3/31	賃貸料	250,000
4/ 1	賃貸料	250,000	4/ 1	前期繰越	250,000

保　険　料

4/ 1　前払費用	400,000		

賃　貸　料

		4/ 1　前受収益	250,000

このように経過勘定を翌期首に反対仕訳をすることを「再振替」といい，簿記ではこれを必ず行うことがルールとなっている。

⑵　未収収益と未払費用の再振替

再振替は未収収益，未払費用に対しても当然行われる。ただし，再振替を行った結果それらに関する資産及び負債の勘定残高は0となるが，通常の収益の発生（貸方）・費用の発生（借方）とは反対に，未収収益に関する収益が借方に未払費用に関する費用が貸方に計上されることとなる。

これらは実際に収入・支出に基づいて記帳した時点になって，初めて正しい収益及び費用の残高を示すことになる。

（例１）　×2年３月31日決算において３ヶ月分の貸付金の利息300,000円を計上した。

（借）未収収益　300,000　（貸）受取利息　300,000

×2年４月１日

（借）受取利息　300,000　（貸）未収収益　300,000

未　収　収　益

3/31　受取利息	300,000	3/31　次期繰越	300,000
4/ 1　前期繰越	300,000	4/ 1　受取利息	300,000

受　取　利　息

4/ 1　未収収益	300,000		

×2年12月31日１年分の利息1,200,000円を現金で受け取った。

（借）現　　　金　1,200,000　（貸）受 取 利 息　1,200,000

受　取　利　息

4/ 1	未収収益	300,000	12/31	現　　金	1,2000,000

このように12月31日において収入分の1,200,000円から前期に計上した収益300,000円が帳簿において間接的に控除されるために，９ヶ月分の利息900,000円がこの期の収益となる。

（例２）×2年３月31日，決算において借入金利息300,000円（３ヶ月分）を計上した。

（借）支 払 利 息　　300,000　（貸）未 払 費 用　　300,000

×2年４月１日

（借）未 払 費 用　　300,000　（貸）支 払 利 息　　300,000

未　払　費　用

3/31	次期繰越	300,000	3/31	支払利息	300,000
4/ 1	支払利息	300,000	4/ 1	前期繰越	300,000

支　払　利　息

			4/ 1	未払費用	300,000

×2年４月30日４ヶ月分の利息400,000円を当座預金より支払った。

（借）支 払 利 息　　400,000　（貸）当 座 預 金　　400,000

支　払　利　息

4/ 1	支払利息	400,000	4/ 1	未払費用	300,000

このように４月30日において，支出分の400,000円から前期に計上した費用300,000円分が帳簿において間接的に控除されるために100,000円がこの期の費用となる。

⑶　貯蔵品（消耗品）の再振替

前述したように，決算において資産とした貯蔵品（消耗品）についても再振替が行われる。

（例）　×2年3月31日決算において，貯蔵品50,000円を計上した。

（借）貯　蔵　品　　50,000　（貸）消耗品費　　50,000

×2年4月1日

（借）消耗品費　　50,000　（貸）貯　蔵　品　　50,000

貯　　蔵　　品

3/31	消耗品費	50,000	3/31	次期繰越	50,000
4/ 1	前期繰越	50,000	4/ 1	消耗品費	50,000

消　耗　品　費

4/ 1	貯蔵品	300,000			

（前川悠介）

6　剰余金の処理

剰余金とは，資産と負債の差額（純資産）から資本金など，出資者が拠出した金額を控除した額をいう[1]。会計学において，剰余金は資本剰余金と利益剰余金に区分されるが[2]，本書は収益と費用の差額から生ずる剰余金を利益剰余金とし，それ以外の剰余金は資本剰余金とする。

⑴　個人企業の剰余金

個人企業においては，企業主（事業主もしくは店主）が拠出した資金が，資本金となり，決算において算定された当期純利益も，第2章で述べた「繰越剰余金」ではなく，「資本金」となる。

第2章9⑵であげた仕訳は次のようであった。

（借方）損　　益　　30,000　（貸方）繰越剰余金　　30,000

しかしながら，個人企業においては，

（借方）損　　益　　30,000　（貸方）資　本　金　　30,000

と仕訳される。

(2) 法人企業の剰余金

法人[3]企業においては，当期純利益は，簿記においては第２章９(2)で示したように，繰越剰余金[4]もしくは未処分剰余金として資本金とは区別される。これは収益・費用の差額であるから，利益剰余金となる。

一方，資本剰余金とは，利益剰余金以外の剰余金であり，一般に株主等が出資した金額のうち，資本金として登記されなかった部分がほとんどである資本準備金[5]と，その他の資本剰余金に区分されるが，その詳細は他の著書に譲ることとする。

（例） 株主より新株の出資を受け，発行価額10,000円のうち，半額を資本準備金とした[6]。代金は普通預金に振り込まれた。

（借）普通預金	10,000	（貸）資本金	5,000
		資本準備金	5,000

(3) 剰余金の処分

利益剰余金の一部は，決議[7]を経て，出資者への配当金（利益の分配）として，法人外に流出する。その他，この利益を特定目的のために留保するような決議も行われるが，会計的には利益のうち一部の金額について，名称を付けておくだけであって，利益剰余金としての性質は変わらない。

（例１） 当期純利益は100,000,000円であり，前期から繰り越された繰越剰余金は40,000,000であった。結果として未処分剰余金が140,000,000円となった。

（借）損　　益　100,000,000

（貸）繰越剰余金(もしくは「未処分剰余金」)　100,000,000

（例２） （例１)の未処分剰余金を株主総会において，以下のように処分した。

配当金	40,000,000円
利益準備金	4,000,000円
本社屋建設準備積立金	30,000,000円
別途積立金	20,000,000円
次期繰越剰余金	46,000,000円

（借）繰越剰余金	94,000,000		
		（貸）未払配当金(負債)	40,000,000
		利益準備金[8]	4,000,000
		本社屋建設準備積立金[9]	30,000,000
		別途積立金[10]	20,000,000

または，

（借）未処分剰余金	140,000,000		
		（貸）未払配当金(負債)	40,000,000
		利益準備金	4,000,000
		本社屋建設準備積立金	30,000,000
		別途積立金	20,000,000
		繰越利益剰余金	46,000,000

注

1　より詳しくいえば，そこから評価差額金（第12章参照）等の負債にも資本にも属さないものを控除した額をいう。

2　企業会計原則　第一　一般原則三では，資本利益区別の原則として，「資本取引と損益取引とを明瞭に区別し，特に資本剰余金と利益剰余金とを混同してはならない。」とし，さらに同注解⑵では，「資本剰余金は，資本取引から生じた剰余金であり，利益剰余金は損益取引から生じた剰余金，すなわち利益の留保額であるから，両者が混同されると，企業の財政状態及び経営成績が適正に示されないことになる。従って，例えば，新株発行による株式払込剰余金から新株発行費用を控除することは許されない。」とし，さらに，「資本準備金及び法律で定める準備金で資本準備金に準ずるもの以外のものを計上する場合には，その他の剰余金の区分に記載されることになる。」としている。

3　法人とは，法によって人格を付与された財団（財産の集まり）と社団（人の集まり）をいう。財団の例としては，財団法人，宗教法人，学校法人があげられる。また，社団の例としては，社団法人，会社（株主の集まり），協同組合（組合員の集まり）があげられる。

4　他の勘定科目を用いることもある。

5　資本準備金が生ずる事由として，この他に剰余金処分による場合，合併等の場合がある。本書では詳細は記さないが，例えば，会社法445条5項では次のような規定がある。

「合併，吸収分割，新設分割，株式交換又は株式移転に際して資本金又は準備金として計上すべき額については，法務省令で定める。」

6　会社法445条2項。

7　株式会社の場合には「株主総会」，協同組合の場合には「組合員総会（もしくは総代会）」が決議を行う機関（法律上の組織，会議体）となる。

8　会社法455条４項「剰余金の配当をする場合には，株式会社は，法務省令で定めるところにより，当該剰余金の配当により減少する剰余金の額に十分の一を乗じて得た額を資本準備金又は利益準備金（以下「準備金」と総称する。）として計上しなければならない。」とされている。ただし，会計上において利益準備金は利益剰余金の一部である。

9　これは会計上の性質は利益剰余金のままであり，単に利益剰余金に名称を付して区分したものである。

10　同上。

◎参考１

会計システムにおける仕訳データの管理

会計システムでは，月ごとにデータが管理されているが，決算整理の仕訳を別管理とするため，その部分だけ一月分のデータとして別管理されていることが多い。

つまり，通常の企業では１年が会計期間であり，それは12カ月となるが，システム上は13カ月[1]として構成し，仕訳データをそれぞれ管理していることも多い。

実務上は，決算整理前後の数値比較を行う場合には，３月までの集計と，

会計期間	4月	5月	6月	7月	8月	9月	10月	11月	12月	1月	2月	3月	
システムファイルの構成	4月	5月	6月	7月	8月	9月	10月	11月	12月	1月	2月	3月	決算

決算整理による変動及びその結果を，システム上で表示させることになる。ただし，学習上の簿記では，次の参考２のように，これを精算表として作成することもある。

注

1　決算を行う回数によって，この月数は増えることになる。例えば，半期（６カ月）も行う場合には14カ月分になり，４半期（３カ月）で行う場合には，16カ月分になる。

◎参考2

精算表の作成

簿記の試験では，決算整理前の残高試算表に，決算整理事項あるいは修正事項を記入し，貸借対照表及び損益計算書を作成する一連の過程を示す表として「精算表」の作成が出題されることも多い。

ここで，その一例を示しておく。

【問題】　次の〔決算整理事項等〕にもとづいて，答案用紙の精算表を完成しなさい。なお，会計期間は4月1日から翌年3月31日までの1年間である。

〔決算整理事項等〕

1．普通預金口座から買掛金￥80,000支払ったが，この取引の記帳がまだ行われていない。

2．仮払金は，従業員の出張に伴う旅費交通費の概算額を支払ったものである。従業員はすでに出張から戻り，実際の旅費交通費￥35,000を差し引いた残額は普通預金口座に預け入れたが，この取引の記帳がまだ行われていない。

3．売掛金の代金￥50,000を現金で受け取った際に以下の仕訳を行っていたことが判明したので，適切に修正する。

　　(借方) 現　　　金　50,000　　(貸方) 前　受　金　50,000

4．売掛金の期末残高に対して2％の貸倒引当金を差額補充法により設定する。

5．期末商品棚卸高は￥380,000である。売上原価は「仕入」の行で計算する。

6．建物および備品について定額法で減価償却を行う。

　　建物：残存価額0　　耐用年数30年

　　備品：残存価額0　　耐用年数4年

7．保険料のうち￥120,000は12月1日に向こう1年分を支払ったものであり，未経過分を月割で繰り延べる。

8．2月1日に，2月から翌年4月までの3カ月分の家賃￥90,000を受け取り，その全額を受取家賃として処理した。したがって，前受分を月割で繰り延べる。

9．給料の未払分が¥74,000ある。

精　算　表

勘定科目	残高試算表 借方	残高試算表 貸方	修正記入 借方	修正記入 貸方	損益計算書 借方	損益計算書 貸方	貸借対照表 借方	貸借対照表 貸方
現金	178,000							
普通預金	738,000							
売掛金	540,000							
仮払金	60,000							
繰越商品	452,000							
建物	1,740,000							
備品	720,000							
土地	1,800,000							
買掛金		396,000						
前受金		136,000						
貸倒引当金		6,000						
建物減価償却累計額		1,044,000						
備品減価償却累計額		360,000						
資本金		2,468,000						
売上		9,780,000						
受取家賃		90,000						
仕入	5,120,000							
給料	2,600,000							
通信費	78,000							
旅費交通費	54,000							
保険料	200,000							
	14,280,000	14,280,000						
貸倒引当金繰入								
減価償却費								
(　)保険料								
前受家賃								
未払給料								
当期純(　)								

【解答】

仕訳

1．(借) 買掛金　80,000　(貸) 普通預金　80,000

2．(借) 普通預金　25,000　(貸) 仮払金　60,000

　　　　旅費交通費　35,000

3．（借）前　受　金　　50,000　　（貸）売　掛　金　　50,000

4．（借）貸倒引当金繰入　3,800　（貸）貸倒引当金　　3,800

売掛金　540,000－50,000＝490,000

貸倒引当金　490,000×2％＝9,800

貸倒引当金繰入　9,800－6,000＝3,800

5．（借）仕　　　入　452,000　　（貸）繰越商品　452,000

残高試算表（期首）の金額を仕入勘定に振り替える。

（借）繰越商品　380,000　　（貸）仕　　　入　380,000

期末商品棚卸高を仕入から繰越商品に振り替える。

6．（借）減価償却費　238,000　　（貸）建物減価償却累計額　58,000

備品減価償却累計額　180,000

建物減価償却費＝1,740,000÷30年＝58,000

備品減価償却費＝720,000÷4年＝180,000

7．（借）前払保険料　　80,000　　（貸）保　険　料　　80,000

前払保険料＝120,000÷12×8（4月～11月分）＝80,000

8．（借）受取家賃　　30,000　　（貸）前受家賃　　30,000

前受家賃＝90,000÷3×1（4月分）＝30,000

9．（借）給　　　料　　74,000　　（貸）未払給与　　74,000

精　算　表

勘定科目	残高試算表		修正記入		損益計算書		貸借対照表	
	借　方	貸　方	借　方	貸　方	借　方	貸　方	借　方	貸　方
現　　　金	178,000						178,000	
普通預金	738,000		25,000	80,000			683,000	
売　掛　金	540,000			50,000			490,000	
仮　払　金	60,000			60,000			0	
繰越商品	452,000		380,000	452,000			380,000	
建　　　物	1,740,000						1,740,000	
備　　　品	720,000						720,000	
土　　　地	1,800,000						1,800,000	
買　掛　金		396,000	80,000					316,000
前　受　金		136,000	50,000					86,000
貸倒引当金		6,000		3,800				9,800
建物減価償却累計額		1,044,000		58,000				1,102,000
備品減価償却累計額		360,000		180,000				540,000
資　本　金		2,468,000						2,468,000
売　　　上		9,780,000				9,780,000		
受取家賃		90,000	30,000			60,000		
仕　　　入	5,120,000		452,000	380,000	5,192,000			
給　　　料	2,600,000		74,000		2,674,000			
通　信　費	78,000				78,000			
旅費交通費	54,000		35,000		89,000			
保　険　料	200,000			80,000	120,000			
	14,280,000	14,280,000						
貸倒引当金繰入			3,800		3,800			
減価償却費			238,000		238,000			
(前払) 保険料			80,000				80,000	
前受家賃				30,000				30,000
未払給料				74,000				74,000
当期純(利益)					1,445,200			1,445,200
			1,447,800	1,447,800	9,840,000	9,840,000	6,071,000	6,071,000

精算表の作成方法

(1)　修正記入欄に上記の仕訳「金額」を記入する。修正記入によって生じた勘定科目は，残高試算表における勘定科目の下側に記入されている。

(2)　資産の項目は，残高試算表の金額に，修正記入欄の借方金額を加算し，貸方金額を減算して，貸借対照表の借方に記入する。

(3)　負債及び純資産の項目は，残高試算表の金額に，修正記入欄の借方金額を減算し，貸方金額を加算して，貸借対照表の貸方に記入する。

⑷　収益の項目は，残高試算表の金額に，修正記入欄の借方金額を減算し，貸方金額を加算して，損益計算書の貸方に記入する。

⑸　費用の項目は，残高試算表の金額に，修正記入欄の借方金額を加算し，貸方金額を減算して，損益計算書の借方に記入する。

⑹　損益計算書と貸借対照表のそれぞれで，当期純利益（マイナスの場合には当期純損失）が同額計算される。

（平野秀輔）

第Ⅱ編

JAの簿記

第5章　JA簿記の概要

本書では「農業協同組合」をJAとよぶ。そして，さまざまな事業を行っているJA（「総合JA」）では，簿記の手法もそれに対応するために，さまざまなものが適用されている。

1　主要な事業の特徴と適用される簿記

(1)　信用事業

基本的に銀行と同じ簿記であり，JAが預かる普通預金などの貯金は「貯金」という負債勘定で処理される。一方，JAが預ける預貯金は「預金」として，貸出先に対する債権は「証書貸付金」もしくは「手形貸付金」として処理される。

(2)　共済事業

保険代理店と同じ簿記であり，掛け金及び共済金は「共済資金」という負債の勘定で処理され，JAの収益は「共済付加収入」という収益の勘定で処理される。

(3)　経済事業

購買事業及び販売事業を経済事業としてまとめ，基本的に商業簿記（第2章，第3章，第4章参照）と同じ方法で処理されるが，一部には工業簿記の知識が必要となる部分がある。

(4)　その他の事業

その他の事業としては，宅地開発，利用事業，指導事業などがあり，建設業の簿記，サービス業の簿記等を考慮して処理が行われる。

2　JAにおける資産・負債の集計

JAの貸借対照表においては，事業ごとにその資産と，負債が集計され，その内容が対象表示される（第19章3(1)参照）。

3　JAにおける収益及び費用の集計

JAの損益計算書においては，事業ごとにその収益と，費用が集計され，事業ごとに利益を計算する（第19章3⑵参照）。一般企業における販売費および一般管理費のうち，販売費に該当する部分は，各事業別に集計され，それ以外の部分は，事業管理費としてまとめられ，表示される。

4　JAにおける会計の定め

農業協同組合法（以下，「農協法」という。）第50条の5では，「組合の会計は，一般に公正妥当と認められる会計の慣行に従うものとする。」とされており，農業協同組合法施行規則（以下，「農協法施行規則」という。）第88条では，「一般に公正妥当と認められる企業会計の基準その他の会計の慣行をしん酌しなければならない。」と定められている。

ここで，「一般に公正妥当と認められる企業会計の基準その他の会計の慣行」の範囲であるが，［広瀬義州，2015］113頁によれば，「この場合の基準に該当する場合の1つとして企業会計審議会，企業会計基準委員会などから公表される企業会計の基準が含まれると解されている。」としている[1,2]。

本書において，参照している企業会計の基準には以下のようなものがある。

⑴　企業会計原則・同注解（企業会計審議会）
⑵　連結財務諸表原則（企業会計審議会）
⑶　企業会計原則と関係諸法令の調整に関する連続意見書（企業会計審議会）
⑷　金融商品に関する会計基準（企業会計基準委員会）
⑸　税効果に係る会計基準（企業会計審議会）
⑹　固定資産の減損に係る会計基準（企業会計審議会）

また，企業会計の基準に明確な定めがないものは，法人税法の規定を適用することもある（例えば第4章2参照）。

注

1　他に［桜井久勝，2019］49～52頁，［伊藤邦男，2016］82～83頁，［平野秀輔，2017］17～20頁，等。

2　日本公認会計士協会「非営利法人委員会研究資料第２号　農業協同組合の会計に関する Q&A（平成19年２月28日）」Ⅱ．２では，「ここで「一般に公正妥当と認められる会計の慣行」について，企業会計と農協会計で同一のものをいうとは考え難いとする意見がある。企業会計をそのまま採用した場合，農協の本質から外れるという考え方である。（中略）農協と株式会社において求められる会計情報に本質的な相違はない。したがって，両者間での計算構造あるいは会計基準の相違は，それぞれ固有の特質あるいは会計事実からのみ生じるものである。農協と株式会社の目的の違いを理由とするのではなく，会計事実の相違から説明可能なものに限定すべきである。」としている。

（平野秀輔）

第6章　信用事業

1　信用事業とは

JAの信用事業は金融機関としての活動であり，組合員等とJAの信用関係を基礎に，組合員の信用による貯金等の受入れ（受信業務）と，組合員等へ信用を供与する資金の貸付け（与信業務）が中心となっている。このほかにも手形の割引，為替，有価証券の取扱等があり，銀行等の金融機関と同じような活動を行っている。

2　普通貯金の取引

(1)　普通貯金の受入れ処理

普通貯金の出し入れは，その都度機械によって通帳に記入され，実務では自動的に仕訳も起こされるが，ここではそれが簿記としてどのように記帳されているかを示すこととする。普通貯金はJAにとっては負債であり，「普通貯金」という勘定科目を用いて処理される。

(2)　普通貯金受入れの取引処理例

① 組合員藤井三郎と新しい普通貯金の取引が成立し，現金400,000円の受入れ処理を行う。

（借）現　　金　400,000　（貸）普通貯金　400,000

② 組合員村尾一郎はATMで普通貯金に200,000円の入金処理をした。

（借）現　　金　200,000　（貸）普通貯金　200,000

③ 組合員秋田次郎から蔵王銀行小切手80,000円と，現金120,000円を普通貯金に受け入れた。

（借）現　　金　200,000　（貸）普通貯金　200,000

蔵王銀行の小切手は簿記では現金として扱われる。

(3)　普通貯金払戻しの取引処理

① 組合員山村英二は普通貯金の中から400,000円を窓口で引き出した。

（借）普通貯金　400,000　（貸）現　金　400,000

② 組合員中田和夫はCDで普通貯金80,000円を払い戻しした。

（借）普通貯金　80,000　（貸）現　金　80,000

⑷ 普通貯金利息の計上

普通貯金利息の支払額は，利息計上期間（通常半年間）の終了時点（これを「利息決算日」という。）で計算され，総額によって合計仕訳される。

普通貯金利息の計算は，「残高積数法」により行われるが，この計算は，信用システムによって自動処理されるので，実務では直接作業に携わることはない。

（例） 利息決算日に普通貯金利息を付した。貯金利率は0.1％であり，この期間中の残高積数合計は73,000,000円であった。

（借）貯金利息　200　（貸）普通貯金　200

73,000,000×0.1％÷365日＝200

貯金利息は費用の勘定科目として処理される。

3 当座貯金の取引

⑴ 当座勘定取引

当座勘定取引の契約は一部の組合員に限られ，当座勘定取引を行う際に当座貯金を受け入れる。当座貯金の受入れに当たり，その組合員に小切手や手形の用紙を交付することになり，組合員はすぐに支払ってもいい時は小切手を振り出し，一定期間後の期日に支払う時は手形を振り出すことになる。当座貯金には利息を付さない。当座貯金も負債として扱われ，「当座貯金」勘定を用いて処理される。

小　切　手

支払地　○○県○○市○○町

　○○農業協同組合　本所

金　額

上記の金額をこの小切手と引き換えに持参人へお支払いください。

振出日　令和　　年　　月　　日

振出地＿＿＿＿＿　振出人　＿＿＿＿＿

約　束　手　形

No.＿＿＿＿＿

受取人住所＿＿＿＿＿＿＿＿＿＿　支払期日＿＿＿＿＿＿＿＿＿＿

氏　名　　　　　　　　　　殿　支払地　○○県○○市○○町

金　額

支払場所　○○農業協同組合　本所

上記金額をあなた又はあなたの指図人へこの約束手形と引き換えにお支払いいたします。

振出日　令和　　年　　月　　日

振出地＿＿＿＿＿＿＿＿　振出人＿＿＿＿＿＿＿＿

(2)　当座貯金に関する取引処理例

① 組合員村田修二と当座勘定取引の契約をし，当座貯金として4,000,000円を現金で3,000,000円，残額は普通貯金振替で受け入れた。

（借）現　　　金	3,000,000	（貸）当座貯金	4,000,000
普通貯金	1,000,000		

② 村田良三から，当座勘定のある村田修二が振り出した小切手200,000円が呈示されたので，現金で支払った。

（借）当座貯金	200,000	（貸）現　　　金	200,000

（例3）　かねてより佐藤商店から預かっている組合員村岡浩二（当JAに当座勘定がある。）が振り出した約束手形600,000円の期日が到来

し，当JAにある普通貯金口座に受入処理した。

(借) 当座貯金　600,000　(貸) 普通貯金　600,000

ここで，減少する当座貯金は組合員村岡浩二のもので，増加する普通貯金は，佐藤商店のものである。

(3) 当座貸越契約がある当座勘定取引

当座貯金には当座貸越の契約が付けられているものがある。当座貸越とは，貯金に連動した貸付けであって，貯金の残高が“0”となっても小切手や手形の支払い等の払い戻しに応じ，結果として一時的に資金が貸し付けられた状態になることをいい，その後の貯金の受け入れによって自動的に貸越額が減少又は消滅する。当座貸越にはあらかじめ契約によって，貸越限度額が決められている。

ただし，当座貸越は貸付けと同じなので，利息を付すことになる。貸越が生じた場合には資産として扱い，「当座貸越」という勘定科目で処理される。

(4) 当座貸越に関する取引処理例

（例１） 組合員村上光一の当座貯金残高は30,000円であった。本日，当人が振り出した小切手300,000円が組合員武田良子から呈示され，支払いに応じた。

なお，当座貸越の限度額は1,000,000円である。

(借)	当座貯金	30,000	(貸) 現　金	300,000
	当座貸越	270,000		

（例２） （例１）の組合員村上光一から当座貯金として，現金で400,000円，普通貯金からの振替で200,000円を受け入れた。

(借)	現　金	400,000	(貸) 当座貸越	270,000
	普通貯金	200,000	当座貯金	330,000

4　定期貯金の取引

定期貯金とは，あらかじめ一定の預入期間を定めて預かるか，または一定の預入期間の範囲内で貯金者が任意の日を満期と定め，その預入期間が満了するまでは，原則として払戻しの請求を受けない約定の貯金である。定期貯金の記帳も実務上は信用システムで自動処理されるが，ここではそれが簿記としてどのように記帳されるかを示すこととする。

定期貯金は一定期間払い戻さない約定があり，その期間の終わる日を「期日」という。

例えば，期間1年間の定期貯金を4月1日に受け入れたら，翌年の4月1日が期日となる。定期貯金も負債として扱われ，「定期貯金」という勘定科目で処理される。

(1)　基本的な定期貯金の受入れ処理例

（例）　×1年6月1日，組合員加山紀子より×1年12月1日満期の定期貯金146,000,000円を預かった。利率は年0.5%であり，同組合員の普通貯金口座から振替入金した。

（借）普通貯金　146,000,000　（貸）定期貯金　146,000,000

(2)　基本的な定期貯金の払戻し処理例

（例）　×1年12月1日，上記の定期貯金が満期になり，元利金合計を組合員加山紀子の普通貯金口座に入金した。

（借）定期貯金　146,000,000　（貸）普通貯金　146,366,000
　　　貯金利息　　　366,000

貯金利息　146,000,000円×0.5%×183日÷365日＝366,000

183日＝（6月分30日＋7月分31日＋8月分31日＋9月分30日
　　＋10月分31日＋11月分30日）

※貯金利息は満期日の前日まで利息が付き，これを「片落し」という。

(3)　定期貯金に関する取引処理例

（例1）　×1年7月1日に，組合員野中隆司から現金で定期貯金（1年）2,000,000円を受け入れた。利率は年0.5%である。

（借）現　　金　2,000,000　（貸）定期貯金　2,000,000

（例2）　×1年8月30日に，組合員吉野悦子から×2年2月28日が満期の定期貯金として，利率は年0.5%で1,200,000円を普通貯金から振替で受け入れた。

（借）普通貯金　1,200,000　（貸）定期貯金　1,200,000

（例3）　×2年7月11日，（例1）の組合員野中隆司からの定期貯金を期日の７月１日が過ぎ，現金で払い戻した。ただし，利息は全て普通貯金に受け入れることになった。普通貯金の利率は年0.01％とする。

（借）定期貯金　2,000,000　（貸）現　　金　2,000,000
（借）貯金利息　　10,005　（貸）普通貯金　　10,005

定期貯金の利息　2,000,000×0.5％＝10,000

普通貯金の利息　2,000,000×0.01％×10(日数)÷365＝5

期日が過ぎて継続する場合の利息の計算方法は以下による。

契約期間の定期約定利息＋(元金×期日の当日から書替日の前日までの日数×書替継続日の普通貯金利率÷365日)＝貯金利息

（例４）　×1年８月20日に，組合員藤井隆俊から定期貯金の継続書替の申込みがあった。これは，×1年８月１日受け入れた年利0.5％，800,000円で，1,200,000円に増額して１年定期で継続することになった。新しい定期貯金の利率は年0.6％で，増額に必要な資金は利息と現金で払い込まれた。

なお，普通貯金の利率は年0.01％である。

（借）定期貯金　　800,000　（貸）定期貯金　1,200,000
　　　貯金利息　　　4,004
　　　現　　金　　395,996

定期貯金の利息800,000円×0.5％＝4,000

普通貯金の利息800,000円×0.01％×19日÷365日＝4

（例５）　×2年３月３日，組合員吉野悦子から（例２）の定期貯金について，払い戻しの請求があったので，元利合計額を現金で支払った。

なお，普通貯金の利率は年0.01％とする。

（借）定期貯金　1,200,000　（貸）現　　金　1,202,992
　　　貯金利息　　　2,992

定期貯金の利息1,200,000円×0.5％×182日÷365日＝2,991

182日＝（８月分２日＋９月分30日＋10月分31日＋11月分30日
　　＋12月分31日＋１月分31日＋２月分27日）

普通貯金の利息1,200,000円×0.01％×4日÷365日＝1

⑷　総合口座

どこの金融機関も「総合通帳」というものを発行しており，これは普通貯金（銀行では「普通預金」，郵便局では「通常貯金」）を基本に，定期貯金（銀行では「定期預金」，郵便局では「定額貯金」）を一つの通帳の中に組み込んで，普通貯金の残高がなくなったときでも定期貯金を担保として貸越（当座貸越）を認めるという仕組みである。このような仕組みを「総合口座」とよぶ。

⑸　総合口座に関する取引処理例

（例1）　組合員6,000人の世帯の電力料金を各組合員の総合口座から振替で引き出し，別段貯金として一時預かりの処理をした。その総額は59,433,600円であり，貯金残高が不足して貸越処理をした口座数は200口，金額で3,690,000円であった。

（仕訳）

（借）	普通貯金	55,743,600	（貸）別段貯金	59,433,600
	当座貸越	3,690,000		

別段貯金は貯金・貸付・為替その他の取引に伴って付随的に発生した保管金や預り金等で，他の貯金科目に受け入れることが適当でないものを一時的に受け入れておく勘定であり，税金や公共料金の収納金などに使われる。

（例2）　別段貯金で整理した電力料金は，信連の当JA普通預金から電力会社の口座に振り替えられた。

（借）	別段貯金	59,433,600	（貸）普通預金	59,433,600

（例3）　電力料金の引き落としで貸越残高となっていた森田順次から普通貯金として現金100,000円を受け入れた。貸越残高は24,000円であった。

（借）	現　　金	100,000	（貸）当座貸越	24,000
			普通貯金	76,000

5　定期積金の取引

JAには定期貯金のほか，定期積金の受入れがある。

⑴　定期積金とは

定期積金とは，組合員が一定期間において毎月一定額の金銭を継続的に払い込み，JA が満期日に一定の金銭を組合員に支払う契約をいう。組合員が払い込む金銭を「掛金」といい，積立てを受けた後にJA が払い戻す金銭を「給付契約金」という。給付契約金は，払込済の掛金総額を上回るので，差額はJA の費用として支払われる。これを「給付補てん金」といい，貯金の利息に該当するものである。

定期積金も負債として扱われ，「定期積金」という勘定科目を用いて処理される。

⑵ 給付補てん備金

給付補てん金の毎月の発生額は，「給付補てん備金」とよばれる負債の科目で処理することにより，その支払いに備えられる。給付補てん備金の相手科目は「給付補てん備金繰入」という費用の科目を用いるが，実務上は，個々の契約を基礎とする積数計算を信用システムで行っており，毎月末に必要な額と既計上額の不足額を繰り入れる（費用として処理する）ことが自動的に行われている。

⑶ 定期積金の取引処理例

（例１） 組合員小山明子から定期積金の申込みを受け，初回の掛金166,388円を現金で受け取った。なお，契約給付金は2,000,000円，12ヶ月積立てである。

（借）	現　　　金	166,388	（貸）	定期積金	166,388

（例２） 組合員小山明子の定期積金に対し，276円の給付補てん備金を繰り入れた。

（借）	給付補てん備金繰入	276	（貸）	給付補てん備金	276

（例３） 組合員小山明子に対し，給付契約金2,000,000円を現金で支払った。ただし，掛金の総額は，1,996,656円である。

（借）	定期積金	1,996,656	（貸）	現　　　金	2,000,000
	給付補てん備金	3,344			

6　譲渡性貯金の取引

譲渡性貯金とは，払い戻しについて期限の定めのある定期性貯金であるが，この貯金自体の譲渡（売買）が認められているものである。これは負債として「譲渡性貯金」勘定で処理される。

（例）　組合員村尾武志から譲渡性貯金200,000,000円の申込みがあり，代金は他行の小切手で受け取った。

（借）現　　　金　200,000,000　（貸）譲渡性貯金　200,000,000

7　貸出金の種類と内容

(1)　証書貸付金

金銭消費貸借契約書を作成し，組合員（債務者）に金銭を貸し付けることを「証書貸付」といい，簿記では「証書貸付金」という資産の科目で処理される。返済は組合員（債務者）の貯金から期日に引き落とされるのが通常で，利息は後受け（後利）となるのが通常である。

貸付によって生じた利息は「貸付金利息」という収益の勘定科目で処理される。

(2)　手形貸付金

金銭消費貸借契約を結ぶ代わりに，組合を受取人，組合員（債務者）を支払人（名宛人）とする約束手形を作成し，金銭を貸し付けることを「手形貸付」といい，簿記では「手形貸付金」という資産の科目で処理される。手形貸付は基本的に短期間（半年，3ヶ月等）で利息は貸付時に差し引いて受け取る（前利）ことが多い。

8　証書貸付の取引処理

(1)　全額一時償還の取引処理例

①　×1年4月10日，組合員田中三郎に対し小林敏夫を保証人とする借用証書を受け取って3,200,000円を貸し付けた。償還期限は翌年の4月9日とし，利率は年5％で元金償還時に受け取り，資金は本日当人の普通貯金口座に振り込んだ。

（仕訳）

（借）証書貸付金　3,200,000　（貸）普 通 貯 金　3,200,000

②　×2年4月9日に，田中三郎から普通貯金からの振替で元利合計の金

額を受け取った。

(借) 普 通 貯 金　3,360,000　(貸) 証書貸付金　3,200,000
　　　　　　　　　　　　　　　　　　貸付金利息　　160,000

3,200,000(元金)×5%(利率)＝160,000(利息)

(2) 元金均等償還の取引処理例

① 4月20日，組合員寺山修に対し，鈴木誠二を保証人として期間5年，元金均等の年賦償還で20,000,000円貸し付けた。利率は年3.65%とし，資金のうち4,000,000円を現金で，残額は当人の普通貯金に振り込んだ。この貸付けに関する償還計画は次のとおりである。

(単位：円)

区　分	第1回償還	第2回償還	第3回償還	第4回償還	第5回償還	総　額
償還前の貸付金残高	20,000,000	16,000,000	12,000,000	8,000,000	4,000,000	
元金償還額	4,000,000	4,000,000	4,000,000	4,000,000	4,000,000	20,000,000
貸付金利息	730,000	584,000	438,000	292,000	146,000	2,190,000
元利合計額	4,730,000	4,584,000	4,438,000	4,292,000	4,146,000	22,190,000

(借) 証書貸付金　20,000,000　(貸) 現　　　金　4,000,000
　　　　　　　　　　　　　　　　　普 通 貯 金　16,000,000

② 第1回償還日に当たり，寺山修の普通貯金口座から振替で元利合計額を受け取った。

(借) 普 通 貯 金　4,730,000　(貸) 証書貸付金　4,000,000
　　　　　　　　　　　　　　　　　貸付金利息　　730,000

③ 第5回償還日に当たり，寺山修の普通貯金口座から振替で元利合計額を受け取った。

(借) 普 通 貯 金　4,146,000　(貸) 証書貸付金　4,000,000
　　　　　　　　　　　　　　　　　貸付金利息　　146,000

(3) 元利均等償還の取引処理例

(例1) ×1年12月1日，組合員伊藤純也に対し，下山明を保証人として期間5年間，元利均等の半年賦償還で12,000,000円を貸し付けた。利率は年5%とし，資金は全額を普通貯金に振り込んだ。この貸付けに関する償還計画は，次のとおりである（ただし，これらの計画作成は実務上信用システムで処理されている）。

（単位：円）

回数	返　済　日	償還前の残高	返済金額	利　　息	元本充当額
1	×2/06/01	12,000,000	1,371,105	300,000	1,071,105
2	×2/12/01	10,928,895	1,371,105	273,222	1,097,883
3	×3/06/01	9,831,012	1,371,105	245,775	1,125,330
4	×3/12/01	8,705,682	1,371,105	217,642	1,153,463
5	×4/06/01	7,552,219	1,371,105	188,805	1,182,300
6	×4/12/01	6,369,919	1,371,105	159,248	1,211,857
7	×5/06/01	5,158,062	1,371,105	128,952	1,242,153
8	×5/12/01	3,915,909	1,371,105	97,898	1,273,207
9	×6/06/01	2,642,702	1,371,105	66,067	1,305,038
10	×6/12/01	1,337,664	1,371,105	33,441	1,337,664

（借）証書貸付金　12,000,000　（貸）普通貯金　12,000,000

（例2）×2年6月1日，伊藤純也から第1回半年賦償還の元利合計額を1,200,000円は現金で，残額は普通貯金からの払い戻しにより受け取った。

（借）現　　金　1,200,000　（貸）証書貸付金　1,071,105
　　　普通貯金　171,105　　　　　貸付金利息　300,000

（例3）×6年12月1日，伊藤純也の証書貸付が5年を経過し，最終第10回の半年賦償還となった。元利合計額は全額現金で受け取った。

（借）現　　金　1,371,105　（貸）証書貸付金　1,337,664
　　　　　　　　　　　　　　　　　貸付金利息　33,441

9　手形貸付の取引処理

(1)　手形貸付の取扱い

手形貸付は一般に短期間の貸付けとして行われ，貸付けの時点で利息を先に受け取ることが多い。これは記帳に関していえば，貸付けの時点であらかじめ利息の額を計算して貸付金から差し引いて仕訳をすることになる。

例えば，４月１日に３ヶ月先の７月１日まで，1,200,000円を年利3.65%で手形貸付すると，貸付日数は両端入（期日の日も含まれるということ）で30＋31＋30＋1＝92日と計算される。この場合の利息は1,200,000円×3.65%×92日÷365日＝11,040円となり，元金からこの利息を差し引いて貸し付けられるため，実際に組合員が受け取るのは1,200,000－11,040＝1,188,960円となる。

⑵　手形貸付に関する取引処理例

（例１）　５月６日，組合員元木学から支払期日10月６日の手形を受け取り1,000,000円の貸付けをした。貸付利率は年3.65%で，資金は現金渡しとした（貸付期間は５月６日～10月６日で，154日である）。

約　束　手　形

No. 124

○○農業協同組合　　　　　　　　支払期日　令和×年10月６日

代表理事組合長　　伊藤　正　殿　　支 払 地　○○県○○市

| 金　額　　　¥1,000,000※ |　　支払場所　○○農業協同組合本所

上記金額をあなた又はあなたの指図人へこの約束手形と引き換えにお支払いいたします。

振出日　令和×年５月６日

振出地

住　所　○○県○○郡○○町大字川島108番地

振出人　　　　　　　　元木　学

(借)			(貸)	
	手形貸付金	1,000,000	現　　　金	984,600
			貸付金利息	15,400

貸付金利息＝1,000,000円×3.65%×154日÷365日＝15,400

（例２）（例１）の手形貸付の期日が到来して，元木学から普通貯金からの振替で償還金を受け取った。

(借)			(貸)	
	普 通 貯 金	1,000,000	手形貸付金	1,000,000

（例3）　6月10日，先に貸し付けていた田代康子に対する手形貸付が期限前に現金で償還された。4月10日の貸付けで貸付額は4,000,000円，期日は7月10日，利率は年3.65％である。

（借）現　　　金　3,988,000　　（貸）手形貸付金　4,000,000
　　　貸付金利息　　12,000

貸付けの時に予定していた期日よりも早く償還されたとき（繰上償還）は，実際に貸し付けていた日数による利息を計算し，予め受け取っていた利息を精算する必要がある。

この場合，貸付時に受け取った利息は92日分（21日＋31日＋30日＋10日）の利息36,800円（4,000,000円×3.65％×92日÷365日）であるが，実際に貸し付けていた日数は62日（21日＋31日＋10日）であり利息は24,800円（4,000,000円×3.65％×62日÷365日）となる。償還に当たってはこの差額12,000円を精算した上で償還金を受け取ることになる。簿記ではこの12,000円は貸付金利息という収益の取り消し（マイナス）と考えるので，貸付金利息勘定の借方に記入される。

10　為　　替

JAの信用事業では，貯金の受払いに関連して為替業務を行っている。

(1)　為替とは

為替とは，「取引の当事者がそれぞれ遠隔の地にある場合において，その当事者間の貸借関係の決済を現金の送付に依らないで，両地の金融機関の貸借関係を通して決済する仕組み」といわれている。

JAで行う為替業務は様々な取引があり，顧客に直接提供している為替取引は，「振込・送金・代金取立」の3種類となるが，本書では，振込に限定して解説することとする。

なお，為替取引においては，為替通知を発する取扱店を「仕向店」，受ける方を「被仕向店」という。

(2)　振込みの仕組みと資金の流れ

振込みとは，受取人が被仕向店に預貯金口座を持っている場合に，振込依頼人が受取人の預貯金口座への振込を依頼するだけで，振込金が自動的に受取人の口座に入金される取引をいう。

振込依頼を受けた仕向店は，顧客に所定の振込依頼書へ振込内容の明細を記入してもらい，振込代り金（現金・当座小切手・普通貯金払戻請求書）と振込手数料を徴収する。

仕向店は，依頼書の内容に従って，所定の方法に基づき，被仕向店に対し，振込内容を通知する。通知を受けた被仕向店は，仕向店から受信した振込通知により受取人の預貯金口座に入金処理を行う。為替取引では仕向店と被仕向店の間での資金決済は取引の都度行わず，為替通信終了後当日分をまとめて貸借の決済を行うことになる。

⑶ 振込に関する取引処理例

（例１） 武村亮介より1,200,000円を南北銀行北支店普通預金№14382（名義人上田清）へ振込依頼があった。取扱手数料880円と合わせて，同氏の普通貯金から払い出した。

（借）	普通貯金	1,200,880	（貸）受入為替手数料	880
			未決済為替借	1,200,000

受入為替手数料は収益の勘定科目であり，未決済為替借は一時的な科目で，取引が完了した時点で残高がなくなるものである。

（例２） 信連より為替代金が，当座決済された通知を受けた。

（借）	未決済為替借	1,200,000	（貸）当座預金	1,200,000

なお，これらの仕訳は，実務では為替取引の端末入力により自動的に行われる。

11 手形割引

JA では貸出しと同じ効果のある手形割引の業務がある。

⑴ 手形割引とは

手形割引とは，商取引に基づいて第三者が振り出した約束手形又は為替手形を，取引先の依頼によってJA が買い取ることをいう。割引は手形の売買であるが，これによって取引先は資金を得ることができるので，金融取引上は貸出しの一形態と考えられる。

JA は買い取った手形を支払期日に支払金融機関に呈示し，その決済金によって割引代金を回収する。割引の際には割引日から期日まで（両端入れ）の利息に相当する金額を計算し，これを「割引料」として手形額面金額から控除して取引先に代金を支払うことになる。

割引によって手形を買い取った場合には，「割引手形」という資産の勘定を用い，受け取る割引料については「手形割引料」という収益の勘定を用いる。

なお，JAが買い取った手形を系統機関などの他の金融機関に割引してもらうこともあり，これを「再割引」という。割引に出した手形は「再割引手形」という負債の勘定で，割引に際して差し引かれた割引料は「再割引料」という費用の勘定を用いてそれぞれ処理される。

⑵　手形割引の取引処理例

（例１）　×1年４月１日，組合員木村誠より，㈱東日本建設振出しの約束手形（額面4,000,000円，支払期日×1年６月30日，支払場所渋谷銀行駅前支店）の割引依頼を受け，割引料（年7.3%）を差し引いて同人の当座貯金に入金した。

（借）割引手形　4,000,000　　（貸）当座貯金　3,972,200
　　　　　　　　　　　　　　　　　　手形割引料　72,800

手形割引料　4,000,000×7.3%×91日÷365日＝72,800

（例２）　×1年６月30日，（例１）の手形が決済され，手形代金が信連の当座に入金された。

（借）当座預金　4,000,000　　（貸）割引手形　4,000,000

（例３）　×1年８月１日，かねてより割引いていた手持の約束手形400,000,000円（振出人東洋通商㈱，支払期日×1年９月30日）を信連で再割引し，代金は信連当座に入金した。なお，割引料は年3.65%である。

（借）当座預金　397,560,000　（貸）再割引手形　400,000,000
　　　再割引料　　2,440,000

再割引料　400,000,000×3.65%×61日÷365日＝2,440,000

（例４）　×1年９月30日，（例３）の手形が決済された通知を受けた。

（借）再割引手形 400,000,000　　（貸）割引手形 400,000,000

12　利子に対する源泉税の取扱い

これまでの説明では，貯金利息に対する源泉税は考慮しないで解説をしてきたが，ここでその概要を簡単にふれることにする。

(1)　利子に対する源泉税とは

JA や銀行では貯金（預金）に対する利息の支払いの際に，貯金者に対する税金を予め控除して支払うことになっており，これを利子に対する所得税及び住民税の源泉徴収といい，一律に利息の20.315%（国税15.315%，地方税５%）を貯金者から預かり，信用仮受金という負債の科目で処理する。預かった税金は，翌月に国若しくは都道府県に納付される。

(2)　利子に対する源泉税の取引処理例

（例１）　利息精算日において，普通貯金に対し全体で40,000,000円の利息を付した。

（借）		（貸）	
貯金利息	40,000,000	普通貯金	31,874,000
		信用仮受金	8,126,000

（例２）　源泉徴収した源泉税を信連当座より支払った。

（借）		（貸）	
信用仮受金	8,126,000	当座預金	8,126,000

13　余裕金の運用

信用事業において資金に余裕が生じた場合，これをさまざまな形で運用することがある。

(1)　譲渡性預金

先に述べた譲渡性貯金と同様，期日の定めがあるが，預金自体の譲渡が認められているものである。これは「譲渡性預金」という資産の勘定を用いて処理する。

（例）　銀行に対し譲渡性預金を申し込み，信連当座より200,000,000円を振り込んだ。

（借）		（貸）	
譲渡性預金	200,000,000	当座預金	200,000,000

(2)　コールローン

コール市場取引とは，金融機関や証券会社相互間で短期の資金を貸付・借入する取引をいう。貸し手はこれを「コールローン」という資産の科目で処理し，借り手はこれを「コールマネー」という負債の科目で処理する。

（例）　コール市場において信連当座の小切手1,000,000,000円を振り出し，コールローンを放出した。

（借）コールローン 1,000,000,000　　（貸）当座預金 1,000,000,000

⑶　コマーシャル・ペーパー（C・P）

コマーシャル・ペーパーとは信用力のある企業が短期資金調達のために無担保で発行する手形であり，これを購入して資金運用をすることがある。

（例）　東日本土木㈱発行のコマーシャル・ペーパー100,000,000円を信連当座の小切手を振り出し，購入した。

（借）コマーシャル・ペーパー　100,000,000

（貸）当 座 預 金　100,000,000

⑷　信用有価証券

①　有価証券とは

会計上の有価証券とは金融商品取引法上の有価証券と解されており[1]，株式・公社債などがその代表的なものである。有価証券は，その属性又は保有目的によって次の四つに分類される[2]。

1）　売買目的有価証券

時価の変動により利益を得ることを目的として保有する有価証券であり，短期間に頻繁に売買されるものである。

2）　満期保有目的の債券

満期まで所有する意図をもって保有する社債その他の債券をいう。

3）　子会社株式及び関連会社株式

子会社とはJAが支配している他の会社をいい，所有している子会社の株式が子会社株式とされる。関連会社とは，JA及び子会社が出資，人事，資金，取引等の関係を通じて，子会社以外の他の会社の財務及び営業の方針決定に関して重要な影響を与えることができる場合における当該他の会社をいい，所有している関連会社の株式が関連会社株式とされる。

4）　その他有価証券

上記1)から3)のいずれにも属さない有価証券をいう。

信用事業において扱われる有価証券は，1)売買目的有価証券と2)満期保有目的の債券である。3)及び4)は「第12章　外部出資」で扱うこととする。

② 信用有価証券の取引処理例

（例１） 信用部門における売買目的でＳ社株式40,000株を一株1,200円で取得し，代金は信連当座より振り込んだ。

（借）信用有価証券(売買目的有価証券) 48,000,000

（貸）当座預金 48,000,000

（例２） 上記有価証券を一株1,600円で全て売却し，代金は手数料480,000円を差し引かれ信連当座へ入金された。

（借）		（貸）	
当座預金	63,520,000	信用有価証券	48,000,000
		有価証券運用損益[3]	15,520,000

当座預金入金額1,600円×40,000株－手数料480,000円＝63,520,000円

有価証券運用損益63,520,000円－48,000,000円＝15,520,000円

（例３） ×1年１月４日，信用部門において，満期保有目的で国債額面200,000,000円を199,000,000円で取得し，代金は信連当座より支払った。なお利率は年２％であり，利払い日は６月末と12月末の年２回である。

（借）信用有価証券(満期保有目的の債券) 199,000,000

（貸）当座預金 199,000,000

満期保有目的の債券を額面より低い価額で取得した場合には，その時点では取得価額（実際に支払った価額）で処理する。

（例４） ×1年６月30日，上記の国債の利払い日が到来した。

（借）現　金 2,000,000　（貸）有価証券利息 2,000,000

有価証券に対して受け取った利息は，有価証券利息という収益の勘定で処理する。

有価証券利息 200,000,000円×2％÷2＝2,000,000円

③ 信用有価証券の期末における評価

有価証券は決算時にその評価（価額）の見直しが行われる。評価に当

たっての評価額と帳簿価額との差額を「評価差額」といい，これを有価証券の次期繰越金額に含めるか否かについては，「切り放し方式」と「洗い替え方式」の二つの方法がある。

1)　切り放し方式……評価に用いた当該時価及び実質価額を翌期首の取得原価とする，つまり評価差額を加減した後の金額を次期の繰越金額とする方法である。

2)　洗い替え方式……翌期首の取得原価を評価替え前の金額とする，つまり評価差額を考慮しない金額を次期の繰越金額とする方法をいう。

④　売買目的有価証券の評価

売買目的有価証券はその全体を時価によって評価し，それまでの帳簿価額との差額は「有価証券運用損益」という費用若しくは収益の勘定科目で処理する。

なお，評価差額は「切り放し方式」若しくは「洗い替え方式」のいずれの方法によっても構わない。

（例）　期末において保有している売買目的有価証券の取得原価及び期末時価は次のとおりであった。

（単位：千円）

	A社株式	B社株式	C社株式	合　計
取得原価	4,000	3,200	2,400	9,600
期末時価	4,800	4,000	1,200	10,000

（期末の仕訳）

（借）信用有価証券（売買目的有価証券）　400,000

（貸）有価証券運用損益[4]　400,000

（翌期首の仕訳）

切り放し方式

仕訳なし

洗い替え方式

（借）有価証券運用損益　400,000

（貸）信用有価証券（売買目的有価証券）　400,000

⑤　満期保有目的の債券の評価

満期まで所有する意図をもって保有する社債その他の債券は，評価替えを行わない。

ただし，債券を債券金額より低い価額又は高い価額で取得した場合において，取得金額と債券金額との差額の性格が金利の調整と認められる時は，「償却原価法」に基づいて算定された価額に評価替えされる。

「償却原価法」とは，債券を債券金額よりも低い価額又は高い価額で取得した場合に，当該差額に相当する金額を弁済期，又は償還期に至るまで毎期一定の方法で取得価額に加減する方法のことをいう。

一定の方法には，差額を取得日から償還日までの期間で除して各期に配分する「定額法」と，金利部分として認められる差額部分を帳簿価額の一定率となるように，複利をもって各期に計上する「利息法」がある。

（例１）　Ｙ組合（３月決算）は，×1年１月１日に既発のＨ社社債を18,800で取得した。この債券は満期まで所有する意図をもって保有し，取得価額と債券金額との差額は，すべて金利の調整部分と認められる。

額面：20,000

満期：×3年12月31日

表面利子率：年利６％

利払日：毎年６月末日及び12月末日　年２回

これに基づき，1)利息法（実質利息は年8.3%とする）と2)定額法のそれぞれによって，毎決算時の償却原価を求めなさい。

1)　利息法

年月日	利息相当額	償却原価
×1年１月		18,800
×1年３月	90	18,890
×1年９月	184	19,074
×2年３月	191	19,265
×2年９月	199	19,464
×3年３月	208	19,672
×3年９月	216	19,888

利息相当額の計算
×1年３月　180÷2＝90
×1年９月　(180＋188)÷2＝184
以下同様

(利払日毎の償却原価)

年月日	利　息 受取額	利　息 配分額	金利調整差 額の償却額	償却 原価
×1年１月				18,800
×1年６月	600	780	180	18,980
×1年12月	600	788	188	19,168
×2年６月	600	795	195	19,363
×2年12月	600	804	204	19,567
×3年６月	600	812	212	10,779
×3年12月	600	821	221	20,000

利息配分額
＝前回の償却原価
金利調整差額の償却額
×4.15%
＝利息配分額
－利息受取額

2)　定額法

年月日	利息受取額	償却原価
×1年１月		18,800
×1年３月	100	18,900
×1年９月	200	19,100
×2年３月	200	19,300
×2年９月	200	19,500
×3年３月	200	19,700
×3年９月	200	19,900

(20,000－18,800)÷36ヶ月×3＝100(３ヶ月当たり)

（例２） 利息法に基づいて，×1年１月１日，×1年３月31日，×1年４月１日，×2年６月30日，×3年12月31日に必要となる仕訳を示しなさい。ただし決済はすべて現金預金とする。

日 付	借方勘定科目	金 額	貸方勘定科目	金 額
×1年１月１日	満期保有目的の債券	18,800	現金預金	18,800
×1年３月31日	満期保有目的の債券	90	有価証券利息	90
	未収利息	300	有価証券利息	300
×1年４月１日	有価証券利息	300	未収利息	300
×2年６月30日	現金預金	600	有価証券利息	600
	満期保有目的の債券	※98	有価証券利息	98
×3年12月31日	現金預金	20,000	満期保有目的の債券 有価証券利息	19,888 112
	現金預金	600	有価証券利息	600

⑸ その他信用事業における決算整理事項

① 信用未収利息（信用未収収益）の計上

預金利息，貸出金利息など当期の収益とすべき信用事業に係る利息のうち，未収入の金額を計上する。

（例） 証書貸付に対し，未収利息8,000,000円を計算した。

（借）信用未収利息 8,000,000 （貸）貸付金利息 8,000,000

② 信用前払利息（信用前払費用）

借入金利息，手形の割引料などのうち，当期に支払っているにもかかわらず，次期以降の費用となるものを費用から控除して資産に計上する。

（例） 信連に対する支払い済利息3,000,000円のうち，次期の期間に係るものが800,000円あった。

（借）信用前払利息 800,000 （貸）借入金利息 800,000

③ 信用未払利息（信用未払費用）

借入金利息，貯金利息など当期の費用とすべき信用事業に係る利息のうち，未払の金額を計上する。

（例） 貯金について決算日までの未払利息7,000,000円を計上した。

（借）貯金利息　7,000,000　　（貸）信用未払利息　7,000,000

④　信用前受利息（信用前受収益）

貸付金利息など当期に受け取った信用事業に係る利息のうち，次期以降の期間の収益となるものを収益から控除するとともに負債に計上する。

（例）　手形貸付の際に受け取った利息のうち，2,500,000円が次期以降の期間に対するものであった。

（借）貸付金利息　2,500,000　　（貸）信用前受利息　2,500,000

⑤　給付補てん備金の計上

定期積金に対する給付補てん備金の当期発生額を計上する。

（例）　定期積金に対して8,486,000円の給付補てん備金の繰入れを行った。

（借）給付補てん備金繰入　8,486,000　　（貸）給付補てん備金　8,486,000

⑥　外貨建資産・負債の換算

期末日において保有している外貨建資産・負債は，決算日の為替相場を用いて換算し，取得時又は取引時の為替相場によって記帳されている金額との差額を「為替差損益」として認識し，為替差損益の合計額が収益となる場合には「為替差益」として，費用となる場合には「為替差損」として処理される。

（例1）　所有している外貨定期預金US$200,000について換算を行う。この帳簿価額は20,000,000円であり，期末時の為替相場は1US$＝¥120であった。

（借）定期預金　4,000,000　　（貸）為替差損益　4,000,000

為替差損益の計算　US$200,000×¥120－¥20,000,000
＝¥4,000,000

（例2）　当期末の外貨建借入はUS$2,000,000であり，この帳簿価額は220,000,000円であり，期末時の為替相場は1US$＝¥120であった。

（借）為替差損益　20,000,000　　（貸）借入金　20,000,000

為替差損益の計算　US$2,000,000×¥120－¥220,000,000
＝¥20,000,000

注

1 「金融商品に関する会計基準」(注1-2）では,「有価証券の範囲は，原則として，金融商品取引法に定義する有価証券に基づくが，それ以外のもので，金融商品取引法上の有価証券に類似し企業会計上の有価証券として取り扱うことが適当と認められるものについても有価証券の範囲に含める。なお，金融商品取引法上の有価証券であっても企業会計上の有価証券として取り扱うことが適当と認められないものについては，本会計基準上，有価証券としては取り扱わないこととする。」としている。

2 「金融商品に関する会計基準」15～18。

3 「有価証券売却益」とすることもある。また，売却によってマイナスが生じた場合には,「有価証券売却損」ともされる。

4 「有価証券評価益」とすることもある。また，評価によってマイナスが生じた場合には,「有価証券評価損」ともされる。

（佐藤幸一）

第７章　共済事業

1　共済事業とは

共済事業は，JA 及び全国共済連（共済連）と契約者との間で，三者契約によって行われるものである。

JA では契約によって受け入れた純共済掛金の全てを共済連に送金し，付加共済掛金のうち組合分の予定事業費（新契約費・維持費・集金費）の一部を収益として受け取る。これが「共済付加収入」とよばれる収益の科目となる。

2　共済事業に関する取引

⑴　共済事業の勘定科目

共済事業に関し，通常使用される勘定科目を示すと次のようになる。

《資産勘定》

共済貸付金	共済規程に基づき契約者に貸付けた金額を処理する科目である。

《負債勘定》

共済資金	共済契約者と組合，組合と共済連との間の資金の流れを整理する預り金の性質を持つ科目であり，資金の受入れは貸方に記入され，その整理した額は借方に記入されることとなる。
共済借入金	共済規程に基づき契約者に貸付けるために，共済連から借入れした場合に使用される科目である。

《費用勘定》

共済推進費	新契約を成立させるために直接要する費用を処理する科目である。
共済保全費	共済契約を保全するために直接要する費用を処理する科目である。

共済借入金利息	共済規程に基づいて契約者に貸付けた場合の共済連からの借入金の支払利息を処理する科目である。
共済雑費	共済事業に直接要する上記以外の費用を処理する科目である。

《収益勘定》

共済付加収入	共済掛金のうちの付加共済掛金で，その組合で使用できる額を収益として処理する科目である。
共済貸付金利息	共済事業の契約者に対して，共済規程に基づいた貸付けを行うことにより発生した貸付金利息を処理する科目である。
共済雑収入	共済事業に関係するその他の収益を処理する科目である。

⑵ 共済事業の取引処理例

① 組合員島田次郎との間に生命共済契約が成立し，第１回の年払い掛金1,000,000円を現金で受け入れた。

（借）	現　　金	1,000,000	（貸）共済資金	1,000,000

② 野中康夫の火災共済契約の共済期間が満了し，同じ内容で本年度も契約を継続された。掛金は年払い100,000円で，当人の普通貯金から振替えで受け入れた。

（借）	普通貯金	100,000	（貸）共済資金	100,000

③ 上記２件の共済掛金のうち1,050,000円を共済連へ信連の普通預金（共済口）より振替えで支払った。

（借）	共済資金	1,100,000	（貸）普通預金	1,050,000
			共済付加収入	50,000

④ 組合員井坂豪の養老生命共済が満期となり，共済連より，満期共済金10,000,000円が信連の普通預金（共済口）に振り込まれた。

（借）	普通預金	10,000,000	（貸）共済資金	10,000,000

⑤ 組合員井坂豪の普通貯金口座に，満期共済金10,000,000円を入金した。

（借）	共済資金	10,000,000	（貸）普通貯金	10,000,000

⑥ 職員上野和子に，新契約推進の交通費として4,000円を現金で支払っ

た。

（借）共済推進費　4,000　（貸）現　金　4,000

⑦　組合員中田順子から共済借入の申し出があり，2,000,000円を貸し付け，本人の普通貯金とすると共に，共済連より同額の借入れを行い，代金は信連当座に振り込まれた。

（借）共済貸付金　2,000,000　（貸）普通貯金　2,000,000
（借）当座預金　2,000,000　（貸）共済借入金　2,000,000

⑧　組合員中田順子の普通貯金より共済貸付に対する利息100,000円を引き落とし，同額を共済連に信連当座より支払った。

（借）普通貯金　100,000　（貸）共済貸付金利息　100,000
（借）共済借入金利息　100,000　（貸）当座預金　100,000

⑶　共済事業における決算整理

共済事業において，決算時に行われる処理には以下のものがある。

①　共済未収利息（共済未収収益）

共済事業に係る利息のうち，当期の収益とすべき未収入のものを計上する。

（例）　共済貸付金残高に対する未収利息1,000,000円を計上した。

（借）共済未収利息　1,000,000　（貸）共済貸付金利息　1,000,000

②　共済資金勘定からの共済付加収入勘定への振替え

共済資金勘定は，期中取引のままでは負債と収益が混合している。つまり，共済資金勘定のうち負債の性質を持つ再共済掛金はそのままでよいが，それ以外の部分は収益である共済付加収入勘定に振替処理をする必要がある。

（例）　共済資金勘定残高2,000,000円は全て受入共済掛金であり，これに係る再共済掛金の額は1,900,000円であった。

（借）共済資金　100,000　（貸）共済付加収入　100,000

③　未経過共済付加収入（共済前受収益）

決算時点における共済契約に係る責任準備金（付加収入のうち翌期に繰越すべき金額）を処理する。これは前受収益と考えられる。

（例）　決算において未経過共済付加収入は1,800,000円と計算された。

（借）共済付加収入　1,800,000　（貸）未経過共済付加収入（共済前受収益）　1,800,000

④　共済未払利息（共済未払費用）

共済事業に係る利息のうち，当期の費用とすべき未払のものを計上する。

①の(例)の貸付けについて，共済連からの借入金に対し，同額の未払利息を計上した。

（借）共済借入金利息　1,000,000　（貸）共済未払利息　1,000,000

（佐藤幸一）

第8章　購買事業

1　購買事業とは

JAが行う購買事業とは，商社的な事業であり，主として組合員のために生産資材（肥料，飼料，農薬等）や生活物資（食品，日用品等）を受入れし，供給する事業をいう。JAでは，主として経済連から購買品（生産資材や生活物資）を受け入れ，これを組合員や一般消費者に供給する（売り渡す）ことになる。

経済連等から受け入れした購買品はいったんJAの「在庫」となり，入庫としての取引が補助簿（購入品元帳）で記帳されるが，仕訳としては受け入れの段階でいったん費用とされる。そしてこれを供給した際には，出庫としての取引が補助簿で記帳されると共に，仕訳としては購買事業の収益が計上されることになる。

2　購買事業の取引処理

(1)　購買事業で使う勘定科目

購買事業の取引では，次のような勘定科目が用いられる。

〔資産勘定〕

購買未収金　購買品を供給して，代金を未だに受け取っていない場合に使われる勘定であり，一般企業の「売掛金」勘定と同じ性質である[1]。

繰越購買品　期末において供給されず在庫として残った購買品を処理する勘定であり，一般企業の「繰越商品」勘定と同じ性質である。

〔負債勘定〕

購買未払金　購買品を受け入れたが，代金を未だに支払っていない場合に使われる勘定であり，一般企業の「買掛金」勘定と同じ性質である[2]。

支払手形　購買品を手形払いによって受け入れた場合，あるいは購買未払金を手形払い変更された場合に使われる勘定である。

〔収益勘定〕

購買品供給高　購買品を供給した際に，供給額を記入する勘定であり，一般企業の「売上」と同じ性質である。

〔費用勘定〕

購買品受入高　購買品を受け入れした際に，受入額を記入する勘定であり，一般企業の「仕入」と同じ性質である。

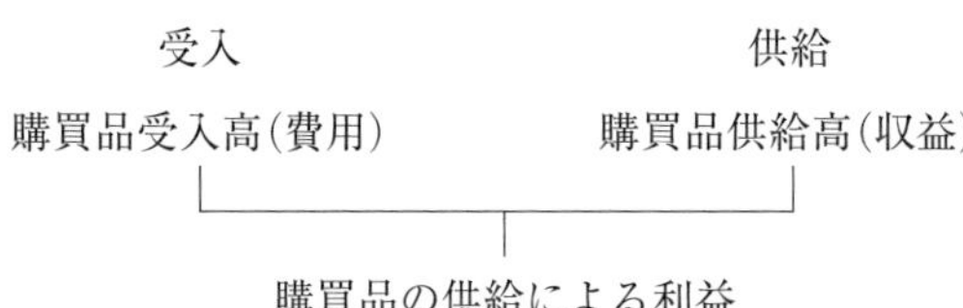

(2) 購買事業の取引処理例

1)　組合員河野太郎ほか50人がJAの肥料予約注文書を提出した。その合計金額は64,000,000円である。

仕訳なし

予約だけでは簿記上の取引とはならない。

2)　JA全農から1)に基づく肥料代58,000,000円を受け入れ，代金は翌月末払いとした。

(借) 購買品受入高　58,000,000　　(貸) 購買未払金　58,000,000

3)　店舗で扱う雑貨を高橋製造㈱から2,000,000円で受け入れし，約束手形を振り出した。

(借) 購買品受入高　2,000,000　　(貸) 支払手形　2,000,000

JAが振り出し，支払う義務のある手形は「支払手形」という負債の勘定で処理される。

4)　組合員河野太郎ほか50人に対し肥料を各戸へ配達する。その代金64,000,000円の収納は，後日普通貯金からの振替によるものとした。

（借）購買未収金 64,000,000　　（貸）購買品供給高 64,000,000

5）以前にJA全農から受け入れした農薬に品違いがあり，200,000円分を返品した。JA全農に対しては購買未払金の残高がある。

（借）購買未払金　　200,000　　（貸）購買品受入高　　200,000

返品は受け入れの戻しであるから購買品受入高の貸方に記入する。

6）先に河野太郎ほか50人に供給した肥料代64,000,000円を本日各組合員の普通貯金口座から振替決済したが，そのうち2人が貸越となった。貸越額は1,400,000円である。

（借）普通貯金　62,600,000　　（貸）購買未収金　64,000,000
　　　当座貸越　 1,400,000

7）先にJA全農から購入した肥料代58,000,000円を本日信連の普通預金口座から振替決済した。

（借）購買未払金　58,000,000　　（貸）普通預金　58,000,000

3　購買品の特徴

購買品は，その有高を実地棚卸という手続きによって把握する「棚卸資産」の一つである。ここで「実地棚卸」とは，一時点において購買品などの現物の数と品質を検査する手続きをいう。期末において実地棚卸される購買品，すなわち，期末まで供給されなかった購買品は，購買品受入高から振り替えることにより，資産として扱われることになる（「第3章4」参照）。また，購買品は棚卸資産であるため，その入出庫を記録する購買品元帳（補助元帳）が作成される。

購買品等の棚卸資産の価額は「単価×数量」で求められるが，同一の購買品でも受け入れのつどその単価が異なる場合があり，「第3章4」に述べるような評価方法（原価配分方法）を採ることになる。

4　購買品原価の算定方法

購買品の原価を求める場合に用いる単価は，原則として受入価額に引取費用等の付随費用を加算し，これに個別法・先入先出法・移動平均法・総平均法，等の評価の方法を適用して算定される。購入に際して受けた値引・割戻しは受入価額より控除する。この単価に購買品数量を乗じて算定した価額は「受入原価」とよばれ，これをもって購買品の原価とすることになる。本書で解説する算定方法は次のようになる。

原価の算定方法	
	個別法
	先入先出法
	移動平均法
	総平均法
	最終仕入原価法
	売価還元法

⑴ 個別法

個別法とは，棚卸資産の受入原価を異にするに従い区別して記録し，その個々の実際の受入原価によって期末棚卸品の価額を算定する方法である。

この方法は，一般には不動産や書画・骨董など，高額で同じ物が二つとない資産に対して用いられるもので，以下に述べる⑵～⑹のような仮定計算でないために棚卸資産の取得価額としては客観性に富むが，同種で受入金額が異なる一般の棚卸資産には，手間がかかりすぎるためにこの方法を採用するのは困難である。

⑵ 先入先出法

先入先出法とは，最も古く受け入れたものから順次払出しが行われ，期末棚卸品は最も新しく受け入れたものからなるとみなして（仮定して）期末（月末）棚卸品の単価を算定する方法であり，この計算は実際の物の流れと一致することが多いので比較的分かり易い方法といえる。

⑶ 移動平均法

移動平均法とは，単価の異なる受け入れのつど，その時点における平均単価を求め，当該単価をもって順次払出しを行ったと仮定して，期末（月末）棚卸品の単価を算定する方法である。

⑷ 総平均法

総平均法とは，一定期間（1ヶ月，一年など）の棚卸資産の総受入価額を総受入数量で除して求めた平均単価を用いて，期末（月末）棚卸品の単価を算定する方法である。

(5)　最終仕入原価法

最終仕入原価法とは，期末の購買品が全てその最終受入（仕入）単価によって受け入れたと仮定して期末棚卸品の単価を算定する方法である。この方法は計算が簡単であり，税法上も原則的な評価方法となっているが，企業会計上は生鮮品など特に回転の早いものを除き正しい評価方法として扱われない[3]。

(6)　売価還元法

売価還元法とは，期末棚卸品の売価合計額に売価還元率を乗じて算定した金額をもって期末棚卸品の評価額とする方法である。

5　購買品元帳の作成例

同一の例を用いて，「先入先出法，移動平均法，総平均法」のそれぞれによった場合の購買品元帳を示すと，次のようになる。

（設例）

7月中における購買品Yの取引は次のとおりであった。

7/ 1	前月繰越※	200個	@¥600	¥120,000
7/ 2	受入高	100個	@¥720	¥72,000
7/ 8	供給高	120個		
7/15	受入高	300個	@¥800	¥240,000
7/17	供給高	40個		
7/25	供給高	200個		

※前月繰越とは前月末までに供給されなかった購買品のことである。また@は英語の「at」の略で単価を表す記号である。

(1) 先入先出法

購買品元帳　A

日付		摘要	受入			払出			残高		
			数量	単価	金額	数量	単価	金額	数量	単価	金額
7	1	前月繰越	200	600	120,000				200	600	120,000
	2	受入	100	720	72,000				⎧200	600	120,000
									⎩100	720	72,000
	8	供給				120	600	72,000	⎧80	600	48,000
									⎩100	720	72,000
	15	受入	300	800	240,000				⎧80	600	48,000
									⎨100	720	72,000
									⎩300	800	240,000
	17	供給				40	600	24,000	⎧40	600	24,000
									⎨100	720	72,000
									⎩300	800	240,000
	25	供給				⎧40	600	24,000			
						⎨100	720	72,000			
						⎩60	800	48,000	240	800	192,000
	31	次月繰越				240	800	192,000			
		7月合計	600		432,000	600		432,000			
8	1	前月繰越	240	800	192,000				240	800	192,000

まず購買品元帳においては，受け入れて未だ供給していないものを残高欄に記入する。すると，7月2日では前月から繰越された「200個@600」と7月2日に受け入れた「100個@720」の2種類の単価をもつ購買品が混在することになり，この場合には「{」の記号を使って記入する。

先入先出法においては，先に受け入れたものから順次供給したと考えるので7月8日の120個の供給は，前月から繰越されたもの「200個@600」と7月2日に購入したもの「100個@720」のうち，前月から繰越された（すなわち先にあった）ものから供給したとし，「@600」の単価を用いることになる。

以降は同じように記入されるが，購入品元帳における残高欄は常にその日の終了時に存在する購買品の「数量」「単価」「金額」を示すことになる。これを「帳簿棚卸高」という。

先入先出法による単価の配分

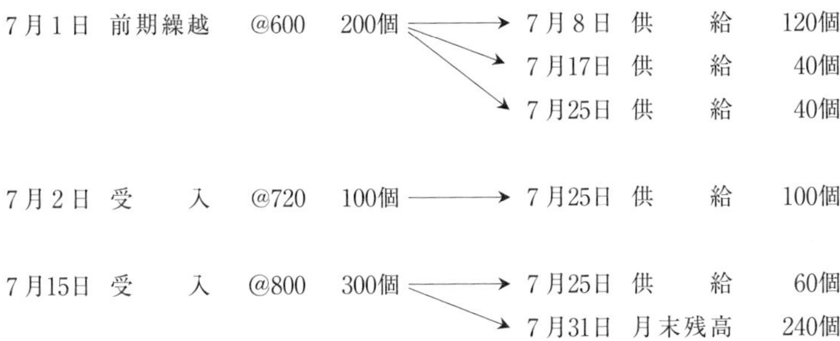

また，購買品元帳は通常1ヶ月の記入が終了すると，月末の日付で，いったん受入欄と払出欄を合計し，残高欄の最後の記入をそのまま払出欄に「次期繰越」として転記する。これにより，受入欄と払出欄の「数量」「金額」が一致するので締め切りを行う。そして翌月初の日付で，受入欄と残高欄に繰越された「数量」「単価」「金額」を「前月繰越」として記入する。

(2) 移動平均法

購買品元帳　A

日付		摘要	受入			払出			残高		
			数量	単価	金額	数量	単価	金額	数量	単価	金額
7	1	前月繰越	200	600	120,000				200	600	120,000
	2	受入	100	720	72,000				300	640	192,000
	8	供給				120	640	76,800	180	640	115,200
	15	受入	300	800	240,000				480	740	355,200
	17	供給				40	740	29,600	440	740	325,600
	25	供給				200	740	148,000	240	740	177,600
	31	次月繰越				240	740	177,600			
		7月合計	600		432,000	600		432,000			
8	1	前月繰越	240	740	177,600				240	740	177,600

移動平均法では受け入れのつど平均単価を求めることになる。

7月2日の受入時点では，前月繰越分（200個×@600＝120,000円）と7月2日の受入分（100個×@720＝72,000）の平均単価を次のように求める。

(120,000円＋72,000円)÷(200個＋100個)＝640円

そして残高欄には，求められた640円で単価が記入される。

次に受け入れた時点，すなわち７月15日ではこの日の受入金額とそれまでの残高を合計して平均単価を求めることになる。

（７月８日までの残高115,200円＋７月15日の受入高240,000円)
÷(７月８日までの残高180個＋７月15日の受入個数300個)＝740円

この受け入れ以降の供給については，次の受け入れがあるまでこの単価が用いられる。

⑶ 総平均法（月次）

購買品元帳　A

日付		摘要	受入			払出			残高		
			数量	単価	金額	数量	単価	金額	数量	単価	金額
7	1	前月繰越	200	600	120,000				200	600	120,000
	2	受　入	100	720	72,000				300		
	8	供　給				120			180		
	15	受　入	300	800	240,000				480		
	17	供　給				40			440		
	25	供　給				200			240		
	31	次月繰越				240	720	172,800			
		7月合計	600	720	432,000	600	720	432,000			
8	1	前月繰越	240	720	172,800				240	720	172,800

総平均法として，ここでは「月次総平均法」を取り扱うこととする。月次総平均法では１ヶ月間の受入平均単価を用いて月末の残高欄の記入を行うことになり，それまでの「払出欄」,「残高欄」には数量だけが記載されて，「単価」「金額」の記入は行われない。そして月末において，次のように平均単価が求められる。

７月受入金額合計432,000円÷７月合計数量600個＝720円

こうして求めた単価を最終の残高欄に記載し，残高金額が計算記入される。「払出欄合計」は「受入欄の金額合計」から「残高欄の金額」を差し引いて求め，記入している。

このように，各方法によった場合の7月中の払出金額合計と，7月末の購入品の価額は，以下のようにそれぞれ異なるが（詳しくは「購買品元帳」を参照），これは採用した仮定計算方法の違いによるもので，正誤をつけられるものではない。

	7月中の払出金額合計	7月末の購買品の残高
先入先出法	240,000	192,000
移動平均法	254,400	177,600
総平均法（月次）	259,200	172,800

（単位：円）

6　最終仕入原価法による計算

最終仕入原価法は期末棚卸品の単価を最も後に仕入れた時の単価を用いて計算する方法である。「5の設例を用いて考えると，最後の受け入れは7月15日の300個@￥800であり，すると期末棚卸品は240個×@￥800＝192,000円となり，この例では先入先出法と同じ数値が算定される。

7　売価還元平均原価法による計算

Aコープなどで取り扱われる購買品は，原価ではなく売価で管理されることが多く，この場合には期末棚卸品をいったん売価で計算し，これに原価率を乗じることによって，期末棚卸品の金額が求められる。原価率の計算は次のように行われる。

原価率＝(期首棚卸原価＋当期受入原価)
　　　÷(期首棚卸売価＋当期受入売価)

※なお当期受入売価は次のように算定される。

当期受入高(原価)＋原始値入額＋値上額－値上取消額－値下額＋値下取消額

（例1）　当期のA商品の受入金額及び予定供給金額は次のとおりであった。

	受入金額	予定供給金額
前期操越	800,000円	1,040,000円

当期受入　5,200,000円　　　　6,460,000円※

※6,460,000円の内訳

原価5,200,000円＋原始値入額1,180,000円＋値上額200,000円
－値上取消額60,000円－値下額100,000円＋値下取消額40,000円

なお期末棚卸高は1,000,000円（予定供給金額）であった。

原価率の計算＝(800,000＋5,200,000)÷(1,040,000＋6,460,000)
＝0.8

期末棚卸金額(原価)＝1,000,000円×0.8＝800,000円

（例2）　当期のB商品の受入金額及び供給金額は次のとおりであった。

受入金額　前期繰越分　640,000円　当期受入分　2,360,000円

実際供給金額　3,200,000円(購買品供給高)

期末棚卸高　800,000円(予定供給金額)

この場合には，前期繰越金額と当期受入金額の予定供給金額（売価）が不明であるために，前述した算式どおりの計算はできないことになる。しかし，受入分の予定供給金額合計と，実際の供給金額及び期末棚卸品の予定供給金額には，購買品を紛失したなどの事由がない限り次のような関係がある。

予定供給金額＝前期繰越分の予定供給金額＋当期受入分の予定供給金額＝当期の実際供給金額＋期末棚卸品の予定供給金額

よってここで用いる原価率の算式は次のようになる。

原価率＝{期首棚卸高(原価)＋当期受入高(原価)}
÷{当期供給高(売価)＋期末棚卸高(売価)}

原価率の計算＝(640,000＋2,360,000)÷(3,200,000＋800,000)＝0.75

期末棚卸金額(原価)＝800,000円×0.75＝600,000円

注

1　JAによっては「購買売掛金」という勘定科目も用いている。

2　JAによっては「購買買掛金」という勘定科目も用いている。

3　「企業会計と関係諸法令との調整に関する連続意見書第四　棚卸資産の評価について」（昭和37.8企業会計審議会）5によれば，「この方法によれば，期末棚卸資産の一部だけが実際取得原価で評価され，他の部分は時価に近い価額で評価される可能性が多い。したがって無条件にこの評価方法を純然たる取得原価基準に属する方法と解することは妥当でない。期末在庫量の大部分が正常的に最終取得原価で取得されている場合にのみこの方法を取得原価基準に属する評価方法とみ

なすことができるのである。」としている。ただし，法人税法においては，法人が評価方法を選定しなかった場合には，この方法が採用される（法人税法29条，法人税法施行令31条）。

（松橋亮太）

第9章　販売事業

1　販売事業とは

販売事業は，組合員の生産する農産物の集荷，選別，出荷，販売を担当する事業である。JA が取り扱う販売品は多様であるが，簿記ではそれが，「受託販売」であるのか「買取販売」であるのかについてのみ着眼し，処理を行う。

受託販売とは，組合員（委託者）から農産物を預かり，これを組合が販売（受託販売）し，組合の手数料を差し引いた販売代金を組合員に支払う方式であり，個別受託販売と共同計算販売がある。買取販売とは，購買品と同様に組合員から農産物を買い取り，組合の責任において販売する方式である。

2　受託販売品の取引

受託販売を行う場合，販売品はJA の所有ではないので資産とは考えず，後に述べる買取販売品とは区別して「受託販売品」として扱われるが，これは委託者（組合員）の資産であり，JA では販売のために預かっているだけということになる。

この受託販売品の記帳には，次の二つの考え方がある。

① JA の資産ではないので主要簿に記帳を行わない。

しかし受託責任（販売品を預かり管理する責任）があるので，当然に補助簿としては，受託販売品受払帳等を設け，委託者別に数量を管理する記帳を行うことが必要となる。

② 主要簿に備忘仕訳する。

備忘仕訳とは，本来はJA の資産・負債とはならないものを，管理目的から便宜的に仕訳をするもので，例えばある受託販売品につき，預かった時にその販売見込価格（1,000,000円）の80％で記帳したなら，次のように処理される。

（借）受託販売品見返	800,000	（貸）受託販売品	800,000

このような仕訳の科目は「備忘対照勘定」とよばれる。

以下の説明では①の考え方によって記帳するものとする。

(1) 受託販売に用いる勘定科目

〔資産勘定〕

販売仮渡金　委託者に対して，代金の一部を先渡しした際に用いる勘定である。

販売立替金　販売に際して，運賃などの立替をした場合に用いる勘定である。

〔負債勘定〕

販売仮受金　受託品を販売した代金を一時的に受け入れる勘定である。

〔収益勘定〕

販売手数料　受託販売によってJA側が受け取る手数料である。

このように，受託販売は，「他人計算」といわれ，受託販売は最終的に販売手数料だけがJAの収益として発生し，受託品の受入高や販売高はJAの収益・費用とはならないことになる。

(2) 受託販売の取引処理例

（例１）　組合員大島宏から果樹の販売委託があり，5kg入り箱200箱を受託し，仮渡金500,000円を当人の普通貯金口座に振替払いした。

（借）販売仮渡金	500,000	（貸）普通貯金	500,000

この場合の販売仮渡金は最終販売代金の一部の仮渡であり，精算の時に控除されることになる。なお，通常は受託販売品については備忘対照勘定の記帳は行わず，補助簿に受託日，委託者，品名，等級，数量等を記帳することになる。

（例２）　荷受会社に（例１）の受託品を発送し，その運賃立替額30,000円を運送会社に現金で支払った。

（借）販売立替金	30,000	（貸）現金	30,000

（例３）　荷受会社から売上の通知があり，その代金1,200,000円は信連の当座預金に振込があった。

（借）当 座 預 金　1,200,000　（貸）販売仮受金　1,200,000

（例４）（例１）から（例３）の取引を精算し手数料（販売代金の２％）を差し引いて委託者の普通貯金口座に振替支払いした。

（借）販売仮受金	1,200,000	（貸）販売仮渡金	500,000
		販売立替金	30,000
		販売手数料	24,000
		普 通 貯 金	646,000

⑶　共同計算による精算

受託販売の精算を個々の委託者ごとに行わないで，一定期間を定め，その間の販売金額は精算せずに貯めておき（これを「プール」するという），定めた期間が終わってから販売総額を総数量で除して平均単価を決定し，各委託者にその単価を用いて精算する方式もJAでは行われている。これは「共同計算制」とか「プール計算」といわれている。

販売仮渡金の支払いは，もともと共同計算によった方が個別の精算をした場合より早くできることになり，JAが出荷を受け付けた段階で，販売見込額の半額程度の支払いをすることによって委託者の資金負担を軽くし，出荷の乱高下に対処し，委託者相互間に精算の不公平をなくすねらいがあるともいわれている。

８月10日，以下の組合員から受託販売による梨の出荷があった。

組合員名	出荷数量	共同選果場での格付
組合員A	100箱	秀
組合員B	200箱	優
組合員C	300箱	良

そして各組合員に，一箱あたり2,000円の仮渡金を普通貯金へ支払った。

（借）販売仮渡金　1,200,000　（貸）普 通 貯 金　1,200,000

（100個＋200個＋300個）×2,000円＝1,200,000円

８月11日　上記の梨を市場に発送した。

仕訳なし

８月13日　運賃180,000円の請求があり，信連当座より支払った。

（借）販売立替金　180,000　（貸）当 座 預 金　180,000

8月17日　梨の販売金額が合計で2,340,000円となり，信連当座へ入金した。

（借）当座預金　2,340,000　（貸）販売仮受金　2,340,000

8月31日　上記の梨600箱の共同計算を締め切り，単価を算定し，精算を行った。受託販売手数料は販売金額の3％とする。また運賃は箱数で按分する。なお各組合員の手取額は普通貯金とした。

〈精算の方法〉「優」を標準として「秀」300円高，「良」は200円安

共同計算による単価（優）の算定

{2,340,000－(300円×100箱)＋(200円×300箱)}÷600箱＝3,950円

よって，「秀」は4,250円，「良」は3,750円となる。

組合員A

（借）	販売仮受金	425,000	（貸）	販売仮渡金	200,000
				販売立替金	30,000
				販売手数料	12,750
				普通貯金	182,250

組合員B

（借）	販売仮受金	790,000	（貸）	販売仮渡金	400,000
				販売立替金	60,000
				販売手数料	23,700
				普通貯金	306,300

組合員C

（借）	販売仮受金	1,125,000	（貸）	販売仮渡金	600,000
				販売立替金	90,000
				販売手数料	33,750
				普通貯金	401,250

3　買取販売の取引

(1)　買取販売において使用する勘定科目

買取販売は，次のような勘定科目を用いて処理されるが，基本的な考え方は販売事業の記帳と同じである。

〔資産勘定〕

販売未収金　販売品を販売して，代金を未だに受け取っていない場合に使われる勘定であり，一般企業の「売掛金」勘定と同じ性質である[1]。

繰越販売品　期末において供給されず在庫として残った販売品を処理する勘定であり，一般企業の「繰越商品」勘定と同じ性質である。

〔負債勘定〕

販売未払金　販売品を受け入れたが，代金を未だに支払っていない場合に使われる勘定であり，一般企業の「買掛金」勘定と同じ性質である[2]。

〔収益勘定〕

販売品販売高　販売品を販売した際に，販売額を記入する勘定であり，一般企業の「売上」と同じ性質である。

〔費用勘定〕

販売品受入高　販売品を受入れした際に，受入額を記入する勘定であり，一般企業の「仕入」と同じ性質である。

(2)　買取販売の取引処理例

（例１）　組合員の田中桃子より大豆を買い取り，その代金2,000,000円を，同人普通貯金口座に振り込んだ。

（借）販売品受入高　2,000,000　（貸）普通貯金　2,000,000

（例２）　組合は(例１)の大豆を，蒲田豆腐店に2,400,000円で販売し，代金は翌月末の受け取りとした。

（借）受取手形　2,400,000　（貸）販売品販売高　2,400,000

（例３）　組合員木下清兵衛からリンドウの種子160,000円を買い取り，代金は翌月の15日に支払うことにした。

（借）販売品受入高　160,000　（貸）販売未払金　160,000

（例４）　(例３)の種子をJA全農へ200,000円で販売し，代金は翌月末の受け取りとした。

(借)	販売未収金	200,000	(貸)	販　売　品 販　売　高	200,000

注

1　JAによっては「販売売掛金」という勘定科目も用いている。

2　JAによっては「販売買掛金」という勘定科目も用いている。

(藤井淳平)

第10章　その他の事業・帳簿組織・本支所会計

この章では，信用事業，共済事業，経済事業の他に，JA が行っている事業として，利用事業と指導事業の簿記について述べていく。また，簿記において備えられる帳簿の概要，及び本店と支所（支店）間の取引の簿記についても述べる。

1　利用事業

(1)　利用事業の内容

JA の利用事業は，農協法第10条第1項第5号に掲げた規定「組合員の事業又は生活に必要な共同利用施設（医療又は老人の福祉に関するものを除く。）の設置」であり，農業用機械の貸出し，冠婚葬祭場の運営，旅行の斡旋等，その他さまざまな物的，人的の共同施設が考えられるが，以下で取り上げる取引の範囲は，多くの JA で見られる共同施設利用を示している。

利用事業にとって生じる収益は「利用料」という勘定で，費用は「利用○○費」という勘定で処理される。また，利用事業によって生じる債権・債務はそれぞれ「利用未収金」・「利用未払金」という資産及び負債の勘定で処理される。

(2)　利用事業の取引処理例

（例1）　組合員伊藤次男からトラクターの利用申込があり，本日その作業を終えて，利用料30,000円を請求した。

（借）利用未収金　　30,000　　（貸）利　用　料　　30,000

（例2）　共同利用施設に必要な燃料200,000円を，奥飛騨商事から月末払いで購入した。

（借）利用燃料費　　200,000　　（貸）利用未払金　　200,000

（例3）　組合員高橋一夫の長女の結婚式がJA 会館の式場で行われ，その利用料1,500,000円を請求した。

（借）利用未収金　1,500,000　（貸）利　用　料　1,500,000

（例４）（例２）の燃料代200,000円を信連の普通預金で決済した。

（借）利用未払金　200,000　（貸）普 通 預 金　200,000

2　指導事業

⑴　賦課金と実費収入

農協法第17条には「組合は，定款の定めるところにより，組合員に経費を賦課することができる。」と規定されている。そして賦課したことによって組合員からJAが受け取る資金が賦課金であり，収益勘定の科目である「賦課金」で処理される。

また，賦課（対象）事業以外の特定の活動に要した実費を参加者から受け入れた場合には「実費収入」という収益の勘定科目で処理される。

⑵　指導事業の取引処理例

（例１）　総代会において決定した賦課金の第３回の徴収期日がきたので，各組合員の普通預金口座から振替で5,000,000円を受け入れた。

（借）普 通 預 金　5,000,000　（貸）賦　課　金　5,000,000

（例２）　賦課（対象）事業である広報活動費500,000円をインターネット広告代理店に普通預金から支払った。

（借）広報活動費　500,000　（貸）普 通 預 金　500,000

（例３）　女性部を対象にして健康講習会を開き，生活改善費として，講師費，会場費等合計600,000円を普通預金から支払った。

（借）生活改善費　600,000　（貸）普 通 預 金　600,000

（例４）　健康講習会に参加した50人から実費として一人当たり6,000円の分担金を現金で集めた。

（借）現　　　金　300,000　（貸）実 費 収 入　300,000

3　帳簿組織概論

帳簿については，仕訳帳と総勘定元帳について，第２章で詳しく述べた。ここでは，帳簿組織とは，それらをはじめとして，他の帳簿がある場合に，それを体系づけ，整理し，各帳簿間の不一致がないように，あらかじめ定めておくものである。

⑴　主要簿と補助簿

帳簿には，「主要簿」と「補助簿」がある。主要簿とは仕訳帳と総勘定元帳をいう。

補助簿とは，仕訳帳と総勘定元帳の記載を補助するために設けられる帳簿であり，特定の勘定科目についてより詳細に記入されるものである。これは，会計担当部署ではなく実際の事業担当部署が作成し，管理する帳簿である。

補助簿には，取引を発生順に記録する補助記入帳と，勘定科目の内容（組合員別，購買品別等）ごとに総勘定元帳形式で記録される補助元帳があり，例をあげれば，次のようなものがあると考えられる。

①　補助記入帳　小口現金出納帳，受取手形記入帳，支払手形記入帳など
②　補助元帳　　購買品元帳（商品有高帳），販売品元帳，固定資産元帳（台帳）など

これらの補助簿の記入結果は必ず主要簿と一致しなければならず，両者に不一致がある場合には会計記録が不完全であるということになる。

⑵　現代の農協簿記における主要簿と補助簿

主要簿は，複式簿記において，不可欠とされる帳簿である。ただし，仕訳帳は仕訳伝票という仕訳カードに代替されることもあり，入力に対してペーパーレス化を図っている場合には，システムデータのアウトプットであるモニタリストに形を変えることも多い。

また，総勘定元帳もそのほとんどが電子記録され，仕訳の総勘定元帳への転記が手動で行われることはほとんどない。

補助簿は各事業において用いられている業務システム内に存在すると考えられる。そしてこの業務システムと会計システムが連動していなければ，業務システムの結果を会計システムに入力する作業が必要となる。

この場合には仕訳カードとしての伝票が起票されることがあるが，個々の取引について逐一入力することは大変な作業量となるので，一日もしくは1ヶ月のデータがまとめて会計システムに入力されることになる。

(3) JA簿記における主要簿と補助簿間の問題

JA簿記だけの問題ではないが，現代の会計は高度に機械化が進んでいる半面，帳簿組織について次のような問題が生じており，一会計期間の取引処理を終了する際にはこれらの問題が解消されているかを検証する必要がある。

① 基本的に会計データと業務データは一致しているはずであるが，決算整理事項など会計部門で入力したデータが業務データに反映していない場合には，結果的に補助簿と主要簿が不一致となることがある。

② データを一括して会計システムに移管している場合，その会計処理が終了した時点と実際の業務処理が終了した時点と異なった場合には，会計データと業務データが不一致となり，結果的に主要簿と補助簿が不一致となる。

よって決算に先立ち，会計データと各業務データの一致を確かめることが重要であり，これは監査に当たっても重要視される事項である。また会計データにおいて入力された決算整理事項を業務データに反映させる処理を行わなければこれも不一致となる。

主要簿と補助簿の一致の確認は，伝統的な簿記手法でも重要な事項であり，現代だけの問題とはいえないが，実務上は高度なシステム処理されたデータの中から不一致原因を探すのはかなりの労力を要することもまた事実である。

(4) 主要簿と補助簿の調整に関する取引処理例

（例1） 購買事業データにおける8月中の購買品受入高は549,000,000円であり，会計データの購買品受入高は561,000,000円であった。この際の内容を分析した結果，次の事項が判明した。

① 8月末に受けた購買品の値引額10,000,000円の入力前に会計データにデータ転送をしていた。

（借）購買未払金 10,000,000　（貸）購買品受入高 10,000,000

② 8月13日の受入データ（購買未払金で処理）2,000,000円を二重に会計データに転送していた。

（借）購買未払金 2,000,000　（貸）購買品受入高 2,000,000

（例2） 購買事業部門で管理している組合員ごとの購買未収金の9月末残高は270,000,000円であり，会計データの残高は264,000,000円であった。これは調査の結果，信用事業において入金し，自動仕訳された購買未収金の回収6,000,000円が購買事業部門において認識されていないことが判明した。

仕訳なし

会計データが正しいので購買事業部門のデータを修正することになる。

4　本支所（本支店）会計

JAは合併等によって大規模化し，支所（支店）の数も多くなっている。ここでは本所と支所間の取引処理について説明する。

⑴　本所と支所の取引

本所と支所間の取引には，支所では「本所（あるいは本店）」勘定を，本所では「支所（支店）」勘定を用いて処理する。

これらの勘定は資産・負債いずれの勘定でもなく，取引処理が正しい限り，本所勘定と支所勘定は必ず一致するため，財務諸表の作成にあたっては貸借が相殺・消去されることになる。

（例）　本所Ａ職員と支所Ｂ職員が一緒に出張し，本所が旅費70,000円を現金払いしたが，このうちの35,000円を支所に付け替えた。

《本所の処理》

（借）	支　　所	35,000	（貸）	現　　金	70,000
	旅費交通費[1]	35,000			

《支所の処理》

（借）	旅費交通費	35,000	（貸）	本　　所	35,000

⑵　支所間の取引

支所間で取引をした場合には，全て本所を経由して取引を行ったと仮定して取引を処理する「本所集中計算制度」と，支所ごとに取引を行った事実に基づいて取引処理する「支所分散計算制度」がある。

（例）　Ａ支所はＢ支所と共同でＹ和食店において行った職員慰労会の費用400,000円を同店の普通貯金口座に入金し，このうち120,000円をＢ支所に付け替えた。

①　本所集中計算制度

《A支所の処理》

(借)	福利厚生費[2]	280,000	(貸) 普通貯金	400,000
	本　　所	120,000		

《B支所の処理》

(借)	福利厚生費	120,000	(貸) 本　　所	120,000

《本所の処理》

(借)	B 支 所	120,000	(貸) A 支 所	120,000

② 支所分散計算制度

《A支所の処理》

(借)	福利厚生費	280,000	(貸) 普通貯金	400,000
	B 支 所	120,000		

《B支所の処理》

(借)	福利厚生費	120,000	(貸) A 支 所	120,000

《本所の処理》　仕訳なし

注

1　第11章　1事業管理費を参照。

2　第11章　1事業管理費を参照。

(前川研吾)

第11章　事業管理費・事業外損益・特別損益

ここでは，各事業単位で把握される収益・費用のほか，JA 全体で把握される収益・費用について解説する。

1　事業管理費

事業管理費とは，JA の事業において必要な費用であるが，各事業に直接関連付けられないものの総称をいう。「事業管理費」及びその内訳である「人件費」，「業務費」，「諸税負担金」，「施設費」，「その他管理費用」，という集計は公表する損益計算書において用いられるもので[1]，簿記においては，各勘定科目で記帳される。

(1)　事業管理費の範囲

事業管理費の範囲及び使用される勘定科目名の代表的なものを図示すると以下のようになる。

	勘定科目	内容
人件費	役員報酬	役員（理事・監事）に支払う報酬を処理する勘定である。
	給料手当	職員に支払う給与・賞与を処理する勘定である。
	法定福利費	役職員の社会保険料，厚生年金保険料，雇用保険料等の組合負担部分を処理する勘定である。
	福利厚生費	役職員の福利厚生に関する支出を処理する勘定である（その他管理費用に集計することもある）。
	退職給付費用	第14章参照。
	役員退職慰労引当金繰入額	第14章参照。
業務費	会議費	会議に要した食事代，茶菓子代，借室料等を処理する勘定である。
	交際費	組合員や取引先の接待・供応・慰安・贈答などに要した支出を処理する勘定である。
	広告宣伝費	広報活動に要した支出を処理する勘定である。
	通信費	電話代，インターネット使用料等を処理する勘定である。
	消耗品費	少額物品（10万円未満）を購入した場合に処理する勘定である。
	図書研修費	新聞・図書・雑誌の購入，役職員の研修等に要した支出を処理する勘定である。
	旅費交通費	出張旅費等を処理する勘定である。
諸税負担金	租税公課	固定資産税，印紙税，自動車税等を処理する勘定である。
	支払賦課金	県中央会等に対する賦課金を処理する勘定である。
	分担金	各JA等とその支出を分担したものを処理する勘定である。
施設費	減価償却費	第4章2参照。
	修繕費	固定資産に対して修繕を行った場合に処理する勘定である。
	保険料	損害保険料，生命保険料，共済掛金等を処理する勘定である。
	水道光熱費	電気・ガス・水道料金を処理する勘定である。
	賃借料	地代・家賃などを処理する勘定である。
	車両費	車両のリース料，駐車場代などを処理する勘定である。
	施設管理費	組合が所有する施設について，通常の維持管理のために要した支出を処理する勘定である。
その他管理費用		上記以外のもの，例えば雑費等がここに含まれる。

(2) 事業管理費の取引処理

（例１） 職員に５月分給料として20,000,000円を，以下の金額を控除して各職員の普通貯金口座に入金した。

所得税の源泉徴収額	449,000円
住民税の特別徴収額	346,900円
健康保険料	202,000円
厚生年金保険料	362,600円
雇用保険料	39,200円

職場親睦会費　　　　　130,000円

（借）給料手当　20,000,000　（貸）預り金　1,529,700
　　　　　　　　　　　　　　　　普通貯金　18,470,300

職員からの預り分は預り金（もしくは仮受金）という負債の勘定で処理する。

（例２）　５月分給与に係る所得税及び住民税(例１)によるものを，所轄税務署及び市町村に信連普通預金口座から振替払いした。

（借）預り金　795,900　（貸）普通預金　795,900

（例３）　５月分の健康保険料，厚生年金保険料を，職員負担額(例１)によるものとJAの負担額564,600円を合わせて，信連の普通預金から支払った。

（借）預り金　564,600　（貸）普通預金　1,129,200
　　　法定福利費　564,600

（例４）　総代会資料としての業務報告書，事業計画書の印刷物が納入され，その代金700,000円を松田印刷所に普通預金で支払った。

（借）消耗品費　700,000　（貸）普通預金　700,000

（例５）　職員の出張に当たり，交通費30,000円を現金で仮払いした。

職員等の支出に対し概算払いをした時は仮払金という資産の勘定で処理する。

（借）仮払金　30,000　（貸）現金　30,000

（例６）　上記(例５)の職員が出張より戻り旅費を精算し，残額2,500円は現金で受け入れた。

（借）旅費交通費　27,500　（貸）仮払金　30,000
　　　現金　2,500

（例７）　固定資産税4,500,000円を，信連当座より振替払いした。

JAが支払う法人税・住民税・事業税以外の税金は租税公課勘定で処理される。

（借）租税公課　4,500,000　（貸）当座預金　4,500,000

2　事業外損益の取引処理

事業外損益とは，JAの各種の事業に直接関連しない収益・費用，すなわち各事業の収益・費用及び事業管理費以外の収益・費用で，事業外収益と事業外費用に分けて，公表財務諸表上は集計されるが，簿記においては，単にその名称を付した収益と費用として処理する。

(1)　事業外収益の取引処理

事業外収益として処理されるものとしては，各事業部門以外の受取利息である受取雑利息や，外部出資に対する配当金の受入額である受取出資配当金，その他どの事業にも属さない収益である雑収入などがある。

（例１）　職員に対して福利厚生貸付2,000,000円を行い，利息6,000円を差し引いて，同人の普通貯金に振替払いした。

（借）	福利厚生貸付	2,000,000	（貸）受取雑利息	6,000
			普通貯金	1,994,000

（例２）　JA全農から，信連普通預金に出資配当金600,000円が振り込まれた。

（借）	普通預金	600,000	（貸）受取出資配当金	600,000

(2)　事業外費用の取引処理

事業外費用として処理されるものとしては，各事業部門以外の支払利息である支払雑利息や，外部に対する寄付金，各事業以外で生じた貸倒損失（第16章参照），その他どの事業にも属さない費用である雑損失などがある。

（例１）　本所建設のために借り入れている借入金の利息4,000,000円を信連当座より支払った。

（借）	支払雑利息	4,000,000	（貸）当座預金	4,000,000

（例２）　地元の私立高校へ500,000円の寄付を行い，普通預金で支払った。

（借）	寄付金	500,000	（貸）普通預金	500,000

3　特別損益の取引処理

特別損益とは，本来の事業とは関係なく，臨時的・偶発的に発生するものであり，これらは公表財務諸表においては特別利益と特別損失に集計されることになるが，簿記においては，単にその名称を付した収益と費用として処理する。

特別利益には，固定資産処分益，補助金の受入れなどが該当する。

特別損失には，固定資産処分損，減損損失（第17章参照），天災事故などによる臨時損失などが該当する。

⑴　特別利益の取引処理

（例）　農家の収支計算を管理する電算システムの開発費用として，JAバンクより20,000,000円の補助金を受け，信連当座に入金した。

（借）当座預金　20,000,000　　（貸）補　助　金　20,000,000

⑵　特別損失の取引処理

（例）　水害により倉庫が水浸しとなり，購買品25,000,000円が供給不能となった。

（借）災害損失　25,000,000　　（貸）購買品受入高　25,000,000

注

1　第19章参照。

（前川研吾）

第12章　外部出資

信用事業で扱う以外の有価証券（株式・出資・公社債等）は，JA において外部出資という勘定科目で処理される。

1　外部出資とは

外部出資とは，一般企業の投資有価証券に該当する項目で，その内容は，子会社及び関連会社等の株式，子法人等への出資金，その他信連や農林中央金庫等系統機関に対する出資金，信用事業以外で所有する系統機関以外の会社の株式，信用事業以外で管理する債券などがある。

2　外部出資の評価上の分類及び評価方法

(1)　外部出資の評価上の分類

外部出資は，子会社株式及び関連会社株式等と，その他有価証券に分類される。

①　子会社株式及び関連会社株式等（子法人・関連法人を含む）[1]

子会社とはJA が支配している他の会社をいい，所有している子会社の株式が子会社株式とされる。関連会社とは，JA 及び子会社が出資，人事，資金，取引等の関係を通じて，子会社以外の他の会社の財務及び営業の方針決定に関して重要な影響を与えることができる場合における当該他の会社をいい，所有している関連会社の株式が関連会社株式とされる。

②　その他有価証券

信用有価証券，子会社及び関連会社株式等に該当しないものである。

(2)　外部出資の評価

まず，評価に当たっての評価額と帳簿価額との差額を「評価差額」といい，これを有価証券の次期繰越金額に含めるか否かについては，「切り放し方式」

と「洗い替え方式」の二つの考え方がある。

・切り放し方式　評価に用いた当該時価及び実質価額を翌期首の取得原価とする。つまり評価差額を加減した後の金額を次期からの取得原価とする方法である。

・洗い替え方式　翌期首の取得原価を評価替え前の金額とする，つまり評価差額を考慮しない原始取得原価を維持する方法をいう。

①　子会社株式及び関連会社株式等

子会社株式及び関連会社株式等は，売却を予定しているものではなく，投資目的で所有しているものであり，投資した金額を記録しておくことが必要なため，原則として取得原価で評価される。

ただし，時価が著しく下落した場合には，その取得価額まで資金回収ができなくなった状態であり，子会社株式及び関連会社等に対する投資の失敗と考えられることから，資金回収できる金額である時価まで評価を切り下げることになる。この場合に生ずる評価損については，切り放し方式が採用される。これを減損処理という。

JA の子会社株式及び関連会社株式は，基本的に市場価格のない株式（時価を把握することが極めて困難と認められる有価証券）であるため，時価の著しい下落とは，当該会社の財政状態が悪化したため，少なくとも実質価額が取得原価に比べて50％程度以上低下した場合をいう[2]。

（設例）　以下の株式について，期末において必要となる仕訳を示しなさい。

	議決権の所有割合（％）	帳簿価額（円）	時　価（円）
A社	60	6,000,000	20,000,000
B社	25	25,000,000	28,000,000
C社	80	32,000,000	30,000,000
D社	70	28,000,000	10,000,000

これらは議決権の所有割合がすべて20％以上であるから，子会社株式及び関連会社株式に該当する。そして，A社及びB社は帳簿価額より時価が上回っているので，評価を変える必要はない。また，C社は帳簿価額より時価が下落しているが，それは著しい下落ではないことから，こ

	借　方	金　額	貸　方	金　額
A社	仕訳なし			
B社	仕訳なし			
C社	仕訳なし			
D社	有価証券評価損	18,000,000	外部出資 (子会社株式)	18,000,000

れも評価を変える必要はない。D社については時価が帳簿価額より著しく下落しているので，評価損を計上する。

② その他有価証券

その他有価証券は，もともと保有目的が明確ではなく，JAの主たる事業における投資とは考えられないので，換金可能である金額，つまり時価で評価される。しかし，このような有価証券の評価差額を収益もしくは費用としてしまうと，その期のJAの業績を判断する当期剰余金に影響してしまう。そこで，それを避けるために，収益・費用の科目の代わりに「評価差額金」という純資産の科目を用いて処理する。具体的には，時価によって評価された場合に生ずる評価差額は，「洗い替え方式」により，次のいずれかの方法により処理されるが，1)の方法が一般的である。

1) 評価差額の合計額を純資産とし，組合員資本ではなく「評価・換算差額等」の勘定科目としての「その他有価証券評価差額金」として処理する。

2) 時価が取得原価を上回る銘柄に係る評価差額は純資産の「その他有価証券評価差額金」として処理し，時価が取得原価を下回る銘柄に係る評価差額は「有価証券評価損益」という費用の科目で処理する。

ただし，時価が著しく下落した場合[3]には，①と同様に取得原価まで資金の回収ができなくなったと考えられるため，評価差額は純資産の評価差額金として処理するのではなく，費用である有価証券評価損として処理し，切り放し方式が採用される。

(設例) 期末において保有しているその他有価証券の取得原価及び期末時

価は次のとおりであった。決算及び翌期首に必要な仕訳を示しなさい。なお，税効果会計は考慮しないでよい[4]。これらは外部出資勘定で処理されている。また当JAにおいて評価差額はすべて純資産の部で処理している。

	A社株式	B社株式	C社株式	D社株式	合　計
取得原価	1,000	1,200	2,000	3,000	7,200
期末時価	1,500	1,000	1,500	1,200	5,200

A社は時価が上昇しているので評価増となり，評価差額金として処理される。B社・C社・D社は時価が下落しているので評価減となるが，B社及びC社は時価の著しい下落に該当しないので，評価差額金として処理される。D社は時価の著しい下落となるため，有価証券評価損として処理される。

評価差額金として処理されたA社・B社・C社株式については翌期首に洗い替え処理される。D社株式は評価損を計上したため，切り放し方式となるため，翌期首の仕訳は行われない。

（期末の仕訳）

A社株式（借）外部出資 500　（貸）その他有価証券評価差額金 500

B社株式（借）その他有価証券評価差額金 200　（貸）外部出資 200

C社株式（借）その他有価証券評価差額金 500　（貸）外部出資 500

D社株式（借）有価証券評価損 1,800　（貸）外部出資 1,800

（翌期首の仕訳）

A社株式（借）その他有価証券評価差額金 500　（貸）外部出資 500

B社株式（借）外部出資 200　（貸）その他有価証券評価差額金 200

C社株式（借）外部出資 500　（貸）その他有価証券評価差額金 500

注

1 「組合の子会社等とは子会社及び農林水産省令で定める特殊の関係のある会社をいう（農協法第54の2）」。以下に子会社等の定義を示すが，この要件に該当した会社に対する株式・出資がこの分類にあたる。

子会社等には子会社，子法人等，関連法人等の三つの概念がある。

①　子会社

組合がその総株主等の議決権又は総社員の議決権の100分の50を超える議決権を有する会社をいう。この場合において，当該組合及びその1もしくは2以上の子会社又は当該組合の1もしくは２以上の子会社がその総株主等の100分の50を超える議決権を有する他の会社は，当該組合の子会社とみなされる（農協法第11条の２②)。

②　農林水産省令で定める特殊の関係のある会社（施行規則６条）

A　当該組合の子法人等

以下ⅰ)～ⅲ)のいずれかに該当するものは子法人等となる。

ⅰ）　当該組合が議決権の過半数を自己の計算において所有している他の法人等

ⅱ）　当該組合が議決権の100分の40以上，100分の50以下を自己の計算において所有している他の法人等であって，次に掲げるいずれかの要件に該当するもの。

イ　当該組合と出資，人事，資金，技術等において緊密な関係があることにより，当該組合の意思と同一の内容の議決権を行使すると認められる者もしくは同意している者とが所有している議決権と，当該組合の議決権とを合わせて当該法人の議決権の過半数を占めていること。

ロ　当該組合の役員もしくは使用人である者，又はこれらであった者であって当該組合が当該他の法人等の財務及び営業もしくは事業の方針の決定に関して影響を与えることができるものが，当該他の法人等の取締役会その他これに準ずる機関の構成員の過半数を占めていること。

ハ　当該他の法人等の重要な財務及び営業又は事業の方針の決定を支配する契約等が存在すること。

ニ　当該他の法人等の資金調達額の総額の過半について当該組合が融資を行っていること。

ホ　その他当該組合がその財務及び営業又は事業の方針の決定に対して重要な影響を与えることができることが推測される事実が存在すること。

ⅲ）　当該組合と出資，人事，資金，技術等において緊密な関係があることにより，当該組合の意思と同一の内容の議決権を行使すると認められる者もしくは同意している者とが所有している議決権と，当該組合の議決権（当該組合が自己の計算において議決権を所有していない場合を含む）とを合わせて当該法人の議決権の過半数を占めている当該他の法人であって，ⅱ)のロからホまでのいずれかの要件に該当すること。

B　当該組合の関連法人等

ⅰ）　当該組合が議決権の100分の20以上を自己の計算において所有している他の法人等

ⅱ）　当該組合が議決権の100分の15以上，100分の20未満を自己の計算において所有している他の法人等であって，次に掲げるいずれかの要件に該当するもの。

イ　当該組合の役員もしくは使用人である者，又はこれらであった者であって当該組合が当該他の法人等の財務及び営業もしくは事業の方針の決定に関して影響を与えることができるものが，その代表取締役，取締役又はこれに準ずる役職に就任していること。

ロ　当該組合から重要な融資を受けていること。

ハ　当該組合から重要な技術の提供を受けていること。

ニ　当該組合との間に重要な販売，仕入れその他営業上又は事業上の取引があること。

ホ　その他当該組合がその財務及び営業又は事業の方針の決定に対して重要な影響を与えることができることが推測される事実が存在すること。

ⅲ）　当該組合と出資，人事，資金，技術等において緊密な関係があることにより，当該組合の意思と同一の内容の議決権を行使すると認められる者もしくは同意している者とが所有している議決権と，当該組合の議決権（当該組合が自己の計算において議決権を所有していない場合を含む）とを合わせて当該法人の議決権の100分の20以上を占めている当該他の法人であって，ⅱ)のロからホまでのいずれかの要件に該当すること。

2 「金融商品会計に関する実務指針（会計制度委員会報告第14号　日本公認会計士協会，以下，「金融商品実務指針」という。)」92.では，「財政状態とは，一般に公正妥当と認められる会計基準に準拠して作成した財務諸表を基礎に，原則として資産等の時価評価に基づく評価差額等を加味して算定した1株当たりの純資産額をいい，財政状態の悪化とは，この1株当たりの純資産額が，当該株式を取得したときのそれと比較して相当程度下回っている場合をいう。(中略) また，市場価格のない株式等の実質価額が「著しく低下したとき」とは，少なくとも株式の実質価額が取得原価に比べて50%程度以上低下した場合をいう。」としている。

3　金融商品実務指針91.では，時価を把握することが著しく困難ではない（つまり，市場価格がある）有価証券について，以下のように定めている。

「時価のある有価証券の時価が「著しく下落した」ときとは，必ずしも数値化できるものではないが，個々の銘柄の有価証券の時価が取得原価に比べて50%程度以上下落した場合には「著しく下落した」ときに該当する。この場合には，合理的な反証がない限り，時価が取得原価まで回復する見込みがあるとは認められないため，減損処理を行わなければならない。

上記以外の場合には，状況に応じ個々の企業において時価が「著しく下落した」と判断するための合理的な基準を設け，当該基準に基づき回復可能性の判定の対象とするかどうかを判断する。なお，個々の銘柄の有価証券の時価の下落率がおおむね30%未満の場合には，一般的には「著しく下落した」ときに該当しないものと考えられる。」

4　税効果を考慮した場合は，第15章を参照。

（長谷川祐哉）

第13章　税金に関する会計

⑴　JAの剰余金に対して課される税金

JAが剰余金を計上すると，国税として法人税が，都道府県民税・市町村民税として法人住民税が課される。剰余金に対して課される都道府県民税にはこのほかに法人事業税[1]がある。

これらの税金は一会計期間の利益に対して課税されるため，当期の損益がいったん計算されたならば，これに対する税金を計算し，「法人税，住民税及び事業税」という費用の科目（損益計算書では別の扱いとなる）で処理し，支払わなければならない額を「未払法人税等」という負債の科目で処理する[2]。

⑵　法人税，住民税及び事業税の記帳取引例

（設例）

決算に当たり当会計期間の法人税は44,712,000円，住民税は15,288,000円，事業税は16,000,000円と計算された。

（借）	法人税，住民税及び事業税	76,000,000	（貸）	未払法人税等	76,000,000

⑶　消費税の処理

本書においては基本的に消費税の処理を考慮しないで解説してきたが，ここでは消費税の会計処理について述べる。

消費税の会計処理には税込方式と税抜方式があり，いずれかの選択を行うことになるが，それぞれについて説明すると次のようになる。

1)　税込方式

期中における取引はすべて税込金額で処理する。つまり取引総額で記帳するので特に消費税を考慮した会計処理を行わなくてよい。消費税を中間納付した場合には租税公課勘定で処理し，確定申告によって最終的に支払う消費税は未払消費税という負債の勘定で処理する。消費税の還

付を受ける場合には未収消費税という資産の勘定で処理する。

2) 税抜方式

期中において消費税が課税されているものを購入した場合（課税仕入）には，消費税部分は仮払消費税という資産の科目で処理される。JA 側が消費税の課税取引として，供給・販売等を行った場合には消費税部分を仮受消費税という負債の科目で処理しておく。

また消費税を中間納付した場合にも仮払消費税で処理する。消費税の確定申告により負担すべき消費税が確定した場合には，まず仮払消費税と仮受消費税を相殺し，確定税額分は未払消費税もしくは未収消費税として処理する。なお，確定税額と相殺後の金額に差がある場合には，租税公課勘定もしくは雑収入勘定で処理する。

（例１） 購買品2,200,000円（うち消費税額200,000円）を受け入れ，代金は月末払いとした。

税込方式

（借）	購買品受入高	2,200,000	（貸）	購買未払金	2,200,000

税抜方式

（借）	購買品受入高	2,000,000	（貸）	購買未払金	2,200,000
	仮払消費税	200,000			

（例２） 購買品を3,300,000円（うち消費税300,000円）で供給し，代金は翌月末受け取りとした。

税込方式

（借）	購買未収金	3,300,000	（貸）	購買品供給高	3,300,000

税抜方式

（借）	購買未収金	3,300,000	（貸）	購買品供給高	3,000,000
				仮受消費税	300,000

（例３） 消費税の中間納付額600,000円を信連当座より振り替えた。

税込方式

（借）	租税公課	600,000	（貸）	当座預金	600,000

税抜方式

（借）	仮払消費税	600,000	（貸）	当座預金	600,000

（例４）　確定申告によって納付する消費税額は，780,000円であった（なお税抜方式によった場合，当期末の仮払消費税残高は4,308,500円，仮受消費税は5,095,600円であった）。

税込方式

（借）	租税公課	780,000	（貸）	未払消費税	780,000

税抜方式

（借）	仮受消費税	5,095,600	（貸）	仮払消費税	4,308,500
				未払消費税	780,000
				雑収入	7,100

（例５）　確定申告によって納付する消費税額は，480,000円であった（なお税抜方式によった場合，当期末の仮払消費税残高は6,907,200円，仮受消費税は7,378,800円であった）。

税込方式

（借）	租税公課	480,000	（貸）	未払消費税	480,000

税抜方式

（借）	仮受消費税	7,378,800	（貸）	仮払消費税	6,907,200
	租税公課	8,400		未払消費税	480,000

（例６）　確定申告によって還付を受ける消費税額は200,000円であった（なお税抜方式によった場合，当期末の仮払消費税残高は9,749,800円，仮受消費税は9,549,600円であった）。

税込方式

（借）	未収消費税	200,000	（貸）	雑収入	200,000

税抜方式

（借）	仮受消費税	9,549,600	（貸）	仮払消費税	9,749,800
	未収消費税	200,000			
	租税公課	200			

注

1　なお，JAにおいては事業税のうち，資本割及び付加価値割については，課税されていない（地方税法72条の２，同72条の24の７）。

2　JAについては，法人税法上「協同組合」とされ，「普通法人」とは区別されているので，法人税法71条に定める中間申告義務はない。

（前川研吾）

第14章　引当金の計上

ここでは会計上の負債とされる引当金（ひきあてきん）について，解説する（ただし貸倒引当金については，第16章を参照のこと）[1,2]。

1　引当金の意義

当該期間の適正な収益及び費用の計算を行うために，ある費用（もしくは収益の控除）を見積計上しなければならない場合，あるいは将来の損失を見積計上しなければならない場合で，未払金，未払費用として計上できない貸方項目を引当金という。

（借）見積費用又は将来の損失　×××　　（貸）○○引当金※　×××

※未払金，未払費用の要件を満たさないもの。

2　引当金計上の要件

企業会計原則注解.注18では，次の要件がすべて満たされたものは引当金を計上することとしている。

(1)　将来の特定の費用又は損失であること

(2)　その発生が当期以前の事業に起因していること

(3)　発生の可能性が高いこと

(4)　その金額を合理的に見積もることができること

3　引当金の記帳方法

引当金の記帳方法には次の二つがある。

(1)　洗い替え法

決算整理前の引当金勘定残高全額を収益に計上し，当期末に見積もられた引当金額を費用[3]に計上する方法。

①　決算整理前の引当金勘定の収益計上

(借) ○○引当金　×××　(貸) ○○引当金戻入　×××
－ 収 益 －

② 当期末に見積もられた引当金の費用計上

(借) ○○引当金繰入額[4]　×××　(貸) ○○引当金　×××

⑵ 差額調整法（差額補充法）

決算整理前の引当金勘定残高と，当期末に見積もられた引当金額を比較し，差額を費用または収益に計上する方法。

① 決算整理前の引当金勘定＜当期末に見積もられた引当金の場合

(借) ○○引当金繰入額　×××　(貸) ○○引当金　×××

② 決算整理前の引当金勘定＞当期末に見積もられた引当金の場合

(借) ○○引当金　×××　(貸) ○○引当金戻入　×××

4 賞与引当金

⑴ 意 義

賞与引当金とは，職員賞与の経過期間分の見積額について計上される引当金である。

⑵ 見積方法

JAの給与規定等に賞与の算定期間があり，その算的期間内に当期の会計期間分が含まれている場合に，当該機関の負担すべき賞与の額を引当金として計上する。例えば，×1年3月決算のJAにおいて，×年4月から×年9月までの勤務に対する賞与を×年12月に，×年10月から×1年3月までのそれを×1年6月に支給する定めがある場合，×年12月に支給した賞与は×年4月から×1年3月までの費用に計上されているが，×1年6月に支給される賞与はまだ支出されていないから，そのままでは費用計上されていない。しかしながらそれは，×年10月から×1年3月までの期間に帰属することから，賞与引当金として計上する必要が生ずる。また，給与規定等に明確な賞与の算定期間がない場合でも，過去の実績などから当期の負担すべき賞与の支給見込額を算定して，それを引当金として計上することが妥当である。

⑶ 設 例

① 3月末の決算時に，6月に支給する予定の賞与200,000,000円を引

当金として計上する。ただし，決算整理前では賞与引当金残高が5,000,000円ある。

⑴　洗い替え法

（借）	賞与引当金	5,000,000	（貸）	賞与引当金戻入	5,000,000
（借）	賞与引当金繰入額	200,000,000	（貸）	賞与引当金	200,000,000

⑵　差額調整法

（借）	賞与引当金繰入額	195,000,000	（貸）	賞与引当金	195,000,000

②　6月の在職者に，賞与198,000,000円を支給し，源泉所得税や健康保険料等25,000,000円を控除して，各職員の普通貯金口座に振り替えた。

（借）	賞与引当金	198,000,000	（貸）	預り金	25,000,000
				普通貯金	173,000,000

5　役員賞与引当金

⑴　意　義

役員賞与引当金とは，今期の業績に対応する役員（理事及び監事）の賞与を見積もった場合の相手科目として計上される引当金である。

⑵　見積方法

当該年度が負担すべき支給見込み額を引当金の金額とする。

⑶　設　例

①　3月末の決算時に，6月に支給する予定の役員賞与10,000,000円を引当金として計上する。ただし，決算整理前では役員賞与引当金残高は0円である。

洗い替え法，差額調整法とも

（借）	役員賞与引当金繰入額	10,000,000	（貸）	役員賞与引当金	10,000,000

②　6月の総代会後に，役員に対して賞与10,000,000円を支給し，源泉所得税や健康保険料等1,200,000円を控除して，各役員の普通貯金口座に振り替えた。

（借）	役員賞与引当金	10,000,000	（貸）	預り金	1,200,000
				普通貯金	8,800,000

6　退職給付引当金

(1)　意　義

職員が将来退職した場合に支給すべき退職給付金の支払いに備えて設けられる引当金をいう。退職金は給与の後払いと考えられるため，労務の提供を受けた会計期間にその期の負担すべき退職金発生額を見積計上することが必要とされる。また，退職金の財源を年金などで外部積立している場合でも，その年金資産が予定運用利回りで運用できず，財源が不足している場合には，当該不足分も退職給付引当金として計上することになる。なお退職給付引当金の繰入額やその他退職給付に係わる費用はすべて「退職給付費用」という費用の科目で処理される。

(2)　見積方法

退職給付引当金は，以下の計算式によって求められる[6]。

退職給付債務－年金資産の額＝退職給付引当金

①　退職給付債務

一定の期間にわたり労働を提供したこと等の事由に基づいて，退職以後職員に支給される給付（以下，「退職給付」という）のうち，認識時点までに発生していると認められる額を一定の割引率及び退職給付の支払見込日までの期間（支払見込期間）に基づき割り引いて計算される。ここにおいて用いられる割引率は，安全性の高い債券の利回りを基礎として決定される。

職員数が300名未満のJAにおいては，退職給付債務の見積りに際して，簡便な方法をとることが認められており，そのひとつとして期末自己都合要支給額（期末日において全員が自己都合によって退職したとした場合支払わなければならない退職金の額）を退職給付債務とみなすことも認められている。

②　年金資産

企業年金制度に基づき退職給付に充てるため積み立てられている資産をいう。

(3) 設　例

① 決算日において在職している職員について退職金の期末自己都合要支給額の金額を算定したところ，合計で400,000,000円であった。なお年金として外部に積み立てられているものの評価額は350,000,000円であり，決算整理前の退職給付引当金残高は30,000,000円である。

（借）	退職給付費用	20,000,000	（貸）退職給付引当金	20,000,000

退職給付引当金は，差額調整法によって処理される。

退職給付引当金＝期末要支給額－年金資産の額

＝400,000,000円－350,000,000円＝50,000,000円

退職給付費用　50,000,000円－30,000,000円＝20,000,000円

② 職員が退職し，退職金8,000,000円が計算されたが，年金より支払われるものが3,000,000円ある。ただしこの従業員に対し，退職給付引当金は4,000,000円計上されていた。退職金は普通貯金に振り替えた。

（借）	退職給付費用	1,000,000	（貸）普通貯金	5,000,000
	退職給付引当金	4,000,000[7]		

7　役員退職慰労引当金

(1) 意　義

役員の将来の退職に付随して発生する役員退職慰労金の支払いに備えて計上する引当金である。

(2) 見積方法

役員退職金規定等，内規に基づく要支給額を引当金として見積計上する。

(3) 設　例

① 決算日に在職している役員につき，役員退職金規定に基づき期末要支給額を算定したところ，合計で50,000,000円であった。なお，役員退職慰労引当金残高は46,000,000円であった。

（借）役員退職慰労引当金繰入　4,000,000

（貸）役員退職慰労引当金　4,000,000

② 理事が退職し，総代会決議を経て退職金5,000,000円を本人の普通貯

金に振り替えた。ただし，この理事に対し，役員退職慰労引当金は4,500,000円計上されていた。

（借）役員退職慰労金	500,000	（貸）普通貯金	5,000,000
役員退職慰労引当金	4,500,000		

8　ポイント引当金

⑴　意　義

事業についてポイント制を採用している場合，組合員等に付与したポイントの期末残高のうち，将来使用されることが見込まれる部分について，その売上原価相当額を見積もった引当金をいう。

⑵　見積方法

未使用ポイント残高に対し，過去の使用実績等を勘案して，将来使用が見込まれる部分を適切に見積もり，これに原価率を乗じた金額とする。

⑶　設　例

当期末のポイント残高は2,400,000円分であり，過去の実績からこのうちの70％が使用される見込みである。なお，当 JA の平均原価率は80％である。決算整理前のポイント引当金の残高は1,000,000円であった。

（借）ポイント引当金繰入額 344,000　（貸）ポイント引当金 344,000

ポイント引当金の金額　2,400,000円×70％×80％＝1,344,000円

ポイント引当金繰入額　1,344,000円－1,000,000円＝344,000円

9　修繕引当金

⑴　意　義

JA の所有する設備，機械などについて毎年行われる通常の修繕が，何らかの理由で当期に行われず時期以降に行われる場合，それに備えて計上される引当金をいう。

⑵　見積方法

当期に行われる予定であった修繕について，その費用を見積計上する。

⑶　設　　例

①　期末において，当期に行う予定であった修繕について10,000,000円を見積引当金として計上した。

（借）修繕引当金繰入　10,000,000　（貸）修繕引当金　10,000,000

②　翌期になり，修繕が実施され，10,000,000円を普通預金より振り込んだ。

（借）修繕引当金　10,000,000　（貸）普通預金　10,000,000

10　損害補償損失引当金

(1)　意　義

JAが損害賠償請求をされ，それに対しその支払義務および金額がほぼ確実に見込まれた場合に計上する引当金である。

(2)　見積方法

損害賠償請求額のうち，支払いが確実と認められる金額を見積計上する。

(3)　設　例

①　職員の業務中に発生した交通事故に対し，職員に対し30,000,000円の損害賠償の支払いがほぼ確実となった。

（借）損害補償損失引当金繰入　30,000,000

（貸）損害補償損失引当金　30,000,000

②　翌期になり，損害賠償金は32,000,000円と確定し，普通貯金に振り替えた。

（借）損害補償損失引当金　30,000,000　（貸）普通貯金　32,000,000
　　　損害賠償金　2,000,000

11　債務保証損失引当金

(1)　意　義

JAが債務保証を行っている法人もしくは個人が，その債務について弁済不能となり，保証債務の履行をせざるを得ない状況となった場合に計上する引当金である。

(2) 見積方法

被保証者の財政状態を勘案し，債務保証の履行をせざるを得ない金額を引当金として計上する。

(3) 設　例

① 当JAが債務保証を行っているA社の財政状態が悪化し，業績回復の見通しが立たないので，B金融機関に対する債務保証額20,000,000円を，債務保証損失引当金として計上する。

（借）債務保証損失引当金繰入　20,000,000
（貸）債務保証損失引当金　20,000,000

② B金融機関からA社に対する債務保証の履行を請求され，20,000,000円を普通預金より支払った。

（借）債務保証損失引当金　20,000,000　（貸）普通預金　20,000,000

注

1　本文で扱う引当金のほか，一般的な引当金には以下のようなものがある。

(1) 商品保証引当金

① 意　義

商品（製品等）保証引当金とは，商品などを販売した後，一定期間内であれば，無料で修理・交換などを行うなどの保証をしている場合に，当期の売上に対して予想されるアフターサービス費を見積もって計上される引当金をいう。

② 見積方法

過去の実績をもとに，売上高に対する保証費用（修繕費，交換費）などの発生率を計算し，これを当期の売上高に乗じて算定する。

③ 設　例

1) 当期の売上高3,600,000,000円に対して，過去の実績率から1,000分の1の製品保証引当金を計上する。ただし，決算整理前では商品保証引当金残高が2,000,000円ある。

i) 洗い替え法

（借）商品保証引当金　2,000,000　（貸）商品保証引当金戻入　2,000,000
（借）商品保証引当金繰入額　3,600,000　（貸）商品保証引当金　3,600,000

ii) 差額調整法

（借）商品保証引当金繰入額　1,600,000　（貸）商品保証引当金　1,600,000
商品保証引当金の金額　3,600,000,000円×1/1,000＝3,600,000円

2) アフターサービスの費用として，消耗品から4,000,000円を使用した。

（借）商品保証引当金　4,000,000　（貸）消耗品　4,000,000

(2) 売上割戻引当金

① 意　義

売上割戻とは，得意先等が商品等を一定金額あるいは一定数量を超えて購入した際に，その金額に応じて金銭の返還もしくは売上債権の減額を行うものである。そして売上割戻引当金とは，当期の売上高に対して，将来支払うべき割戻の額を見積もって設けられる引当金をいう。

② 見積方法

期末現在に確定していない売上割戻について，過去の割戻率を勘案して，これを売上高に乗じて算定する。

③ 設　例

1) 当期の売上高のうち，売上割戻が確定していない部分は100,000,000円であり，これに対して，過去の割戻率から3％の売上割戻引当金を計上する。ただし，決算整理前では売上割戻引当金残高が500,000円ある。

i) 洗い替え法

(借) 売上割戻引当金　500,000　(貸) 売上割戻引当金戻入　500,000
(借) 売上割戻引当金繰入額　3,000,000　(貸) 売上割戻引当金　3,000,000

ii) 差額調整法

(借) 売上割戻引当金繰入額　2,500,000　(貸) 売上割戻引当金　2,500,000

売上割戻引当金の金額

100,000,000円×3%＝3,000,000円

2) 前期の売上高に対して，2,900,000円の売上割戻を行い，普通預金にて支払った。

(借) 売上割戻引当金　2,900,000　(貸) 普　通　預　金　2,900,000

(3) 返品調整引当金

① 意　義

販売した商品について，販売価額によって引き取る特約を取引先と結んでいる場合，将来返品が予想される額の売上総利益に相当する額を見積もって，当期の売上総利益等から控除する目的で設けられる引当金である。

② 見積方法

期末の売掛金もしくは期末日近くの売上高に，過去の経験から算定した返品率を乗じ，それに売上総利益率を乗じて計算される。

③ 設　例

A品の期末売掛金30,000,000円について返品調整引当金を計上する。この購買品の返品率は5％，売上総利益率は20％である。ただし，決算整理前では返品調整引当金残高が400,000円ある。

i) 洗い替え法

(借) 返品調整引当金　400,000　(貸) 返品調整引当金戻入　400,000
(借) 返品調整引当金繰入額　300,000　(貸) 返品調整引当金　300,000

ii) 差額調整法

(借) 返品調整引当金　100,000　(貸) 返品調整引当金戻入　100,000

返品調整引当金の金額＝期末購買未収金×返品率×売上総利益率

＝30,000,000円×5%×20%＝300,000円

2　なお，本書で記載されたもの以外の引当金としては，特別修繕引当金，災害損失引当金，投資損失引当金などがある（例えば，［平野秀輔，2020］157～158頁）。

3　収益の控除となる場合もある。

4　引当金については，「繰入額」と「繰入」のいずれの表現も使われる。

5　給与手当勘定とすることもある。

6　退職給付会計の詳細は，企業会計基準第26号「退職給付に関する会計基準」（企業会計基準委員会）によるが，本書は簿記について述べていることから，簡便法によって説明している。

7　この仕訳は

（借）退職給付費用　　5,000,000　　（貸）普通貯金　　5,000,000

あるいは，

（借）退職給付引当金　5,000,000　　（貸）普通貯金　　5,000,000

でも構わない。というのは，退職給付引当金は決算時にその時点での要計上額が算定されるので，期中取引についてはいずれの方法によっても，最終的には退職給付費用及び退職給付引当金は同額が計算されるからである。

（平野秀輔）

第15章　税効果会計

1　JAの利益（剰余金）と課税所得の違い

法人税や法人住民税（均等割部分を除く）・事業税は，基本的にはJAが一会計期間に計上した利益（剰余金）に対して，税率を乗じることによって課税される。税率を乗じる金額のことを税法では「課税所得」といい，会計によって計算された税引前当期利益（第19章の損益計算書を参照）がその基礎となるが，両者は必ずしも一致するものではない。

税引前当期利益≒課税所得

すなわち会計での損益計算書は，収益から費用を控除することによって利益を計算していた。法人税法では固有の概念である「益金」から「損金」を控除することによって課税所得を計算する。

会計上の利益＝収益－費用

法人税法上の課税所得＝益金－損金

ここで収益＝益金，費用＝損金であれば，会計上の利益と法人税法上の課税所得は同じになるが，「収益の範囲と益金の範囲」及び「費用の範囲と損金の範囲」が実際には異なるために両者に違いが生じてくるのである。この違いには「一時差異等」と「一時差異等に該当しない差異」がある。

⑴　一時差異等

一時差異とは，益金と収益，損金と費用の認識のタイミングが会計と法人税法で異なるために生じる差異であり，数期間を経過した場合にはその差異が解消されると考えられるものである。例えば，法人税法によっては，支出時に損金算入が認められる項目を，会計では未払もしくは引当金計上した場合などがこれに該当する。つまり会計上の未払計上あるいは，引当金繰入はそれを計上した期間の費用であるが，税務上は実際の支出等を行った事業年度の損金となることによって一時差異が生じるのである。また実際の税効果会計では繰越欠損金[1]や評価差額金（第12章の外部出資を参照）なども対象となることからここでは「一時差異等」とよんでいる。

(2) 一時差異等に該当しない差異

一時差異等に該当しない差異とは，益金と収益，損金と費用の概念が基本的に異なることによって，会計における利益と法人税法の課税所得の違いが期間の経過によっても解消しない差異である。例えば法人税の規定による受取配当金の益金不算入[2]，交際費の損金不算入[3]などがこれに当たる。

2　税効果会計とは

税効果会計とは、会計上の「収益」又は「費用」と法人税法における課税所得計算上の「益金」又は「損金」の認識時点の相違などから，会計上の資産又は負債の額と課税所得計算上の資産又は負債の額に相違がある場合において，法人税その他利益に関連する金額を課税標準とする税金の額を適切に期間配分することを目的とする手続である[4]。この定義からわかるように税効果会計で扱う差異は「一時差異等」のみである。

3　税効果会計の基本的な考え方

税効果会計は基本的に，以下に示すように，税引前当期純利益と法人税，住民税及び事業税の金額について，一定の比例関係を維持するようにする手続である。

ケース①　・税引前当期利益が40,000千円計上された。
　　　　　・法人税，住民税及び事業税の税率は30％であった。
　　　　　・会計上の利益と課税所得との間には差額がない。

この場合には，損益計算書は次のようになる。

ケース①		
	税引前当期利益	40,000
	法人税，住民税及び事業税	12,000
	当期剰余金	28,000

ケース②　・税引前当期利益が40,000千円計上された。
・法人税，住民税及び事業税の税率は30%であった。
・会計上において費用計上された金額のうち8,000千円は，課税所得の計算上，翌事業年度（翌期）の損金となるものであった。

この場合には，損益計算書は次のようになる。

ケース②		
	税引前当期利益	40,000
	法人税，住民税及び事業税	14,400
	当期剰余金	25,600

つまり，費用の中に，当期ではなく翌期に損金となる項目が8,000千円あるので，今期の課税所得は40,000千円＋8,000千円＝48,000千円と計算され，税額は48,000千円×30%＝14,400千円と計算される。ここでは損益計算書の法人税，住民税及び事業税は実際に当該期間の課税所得に対して計算された部分が計上される。しかしながら，法人税，住民税及び事業税のうち2,400千円（8,000千円×30%）は，翌期に8,000千円が損金と認められるため減少するはずである。

ケース③　・ケース②の次の事業年度になった。
・税引前当期利益が56,000千円計上された。
・法人税，住民税及び事業税の税率は30%であった。
・前期に会計上において費用計上された金額のうち8,000千円は，当期の課税所得の計算上，損金となるものであった。

この場合には，損益計算書は次のようになる。

ケース③		
	税引前当期利益	56,000
	法人税，住民税及び事業税	14,400
	当期剰余金	41,600

ここで，課税所得は56,000千円－8,000千円＝48,000千円となることから、税額は48,000千円×30%＝14,400千円と計算される。

上記ケース①～③について，「税引前当期利益」と「法人税，住民税及び事業税」の比率を計算してみると次のようになる。

ケース①　12,000÷40,000×100＝30.00％

ケース②　14,400÷40,000×100＝36.00％

ケース③　14,400÷56,000×100＝25.71％

しかしながら、会計における費用収益の対応からすれば，ケース①の30％がもっともその考え方を反映しており，ケース②及び③は利益と税金の対応関係が崩れていることになる。

そこで利益と税金の期間対応を保つために，「法人税等調整額」という勘定科目を用いて，ケース②及びケース③を次のように変更することが，税効果会計の基本である。

ケース②　税効果適用		
	税引前当期利益	40,000
	法人税，住民税及び事業税	14,400
	法人税等調整額	−2,400
	当期剰余金	28,000

※法人税，住民税及び事業税(14,400)＋法人税等調整額(−2,400)＝12,000
12,000÷40,000＝30％

ケース③　税効果適用		
	税引前当期利益	56,000
	法人税，住民税及び事業税	14,400
	法人税等調整額	2,400
	当期剰余金	39,200

※法人税，住民税及び事業税(14,400)＋法人税等調整額(2,400)＝16,800
16,800÷56,000＝30％

4　対象となる税金と適用する税率

税効果会計において対象となる税金は，一般に法人税，住民税のうちの法人税割部分（法人税額を基礎として税率を乗じて算定される税額），及び事業税である。

税効果会計において適用される税率は，次のように算定される。

税率＝法人税率×(1＋住民税率)＋事業税率÷(1＋事業税率)

5　繰延税金資産及び繰延税金負債

税効果会計を適用した場合，法人税等調整額に対する相手科目は「繰延税金資産」又は「繰延税金負債」として計上される。ちなみに「2」の税効果適用ケース②及びケース③では，次のような会計処理が行われる。

ケース②　税効果適用

(借)	繰延税金資産	2,400	(貸)	法人税等調整額	2,400

ケース③　税効果適用

(借)	法人税等調整額	2,400	(貸)	繰延税金資産	2,400

6　税効果会計の基本的な適用例

それでは税効果会計の適用例をいくつかあげておこう。

(例1)　当期末の貸倒引当金残高は200,000,000円であり，このうち60,000,000円は税務上次期以降の損金（当期としては「有税部分」という）となるものである。実効税率は30％とする。

(借)	繰延税金資産	18,000,000	(貸)	法人税等調整額	18,000,000

(例2)　翌期になり，(例1)の貸倒引当金の有税部分が当期になって，税務上損金と認められるようになった。

(借)	法人税等調整額	18,000,000	(貸)	繰延税金資産	18,000,000

(例3)　当期において，その他有価証券（外部出資）の時価評価額は100,000,000円であり，この取得価額は120,000,000円であった。有価証券評価差額は純資産の部（評価・換算差額等）に計上する。実効税率は25％である。

(借)	繰延税金資産	5,000,000			
	その他有価証券評価差額金	15,000,000			
			(貸)	外部出資(その他有価証券)	20,000,000

評価差額金はこの有価証券が実際に処分された段階で，有価証券売却損と

なることから，課税所得の減少を招くものである。よってこのうち実効税率部分については税効果を認識するが，その他有価証券の評価替えは貸借対照表だけで行われており，損益計算書においては何ら処理されていないので法人税等調整額を用いず，その他有価証券評価差額金の一部を繰延税金資産として処理する。

（例４）当期において，その他有価証券の時価評価額は200,000,000円であり，この取得価額は160,000,000円であった。実効税率は25％である。

（借）	外部出資（その他有価証券）	40,000,000		
			（貸）繰延税金負債	10,000,000
			その他有価証券評価差額金	30,000,000

この評価差額金も有価証券が実際に処分された段階では，有価証券売却益となることから，課税所得の増加を招き，税効果分の純資産（評価・換算差額等）は増加しないことになる。よって予め見積もられる税金部分について，その他有価証券評価差額金の一部を繰延税金負債として処理する。

7　繰延税金資産の回収可能性

資産とは，基本的にはそれが将来の費用削減や収益獲得に貢献するものである。そして，それが可能であるか否かを，毎期見直すことが「資産の評価」でもある。すると，当然ながら，上記のように計算された繰延税金資産についても，将来の回収の見込みについて検討しなければならない。

すなわち将来減算一時差異が解消されるときに課税所得を減少させ，税金負担額を軽減することができると認められる範囲内で資産計上するものとし，その範囲を超える額については，いったん繰延税金資産として計算されても，それを控除しなければならない（この部分を「評価性引当額」ともいう）。

実務上は各JAが以下の①から⑤のどれに該当するかをまず決定し，それぞれに基づいて繰延税金資産の回収可能性が判断される[5]。

①　期末における将来減算一時差異を十分に上回る課税所得を毎期（当期及びおおむね過去３年以上）計上している組合

繰延税金資産の全額について回収可能性があると判断できる。

② 業績は安定しているが，期末における将来減算一時差異を十分に上回るほどの課税所得がない組合

一時差異等のスケジューリング[6]の結果に基づき，それに係る繰延税金資産を計上している場合には，それは回収可能性があると判断できる。

③ 業績が不安定であり，期末における将来減算一時差異を十分に上回るほどの課税所得がない組合

将来の合理的な見積可能期間（おおむね５年）内の一時差異等加減算前課税所得の見積額を限度として，当該期間内の一時差異等のスケジューリングの結果に基づき，それに係る繰延税金資産を計上している場合には，それは回収可能性があると判断できる。

④ 重要な税務上の繰越欠損金が存在する組合

原則として，翌期に一時差異等加減算前課税所得の発生が確実に見込まれる場合で，かつその範囲内で翌期の一時差異等のスケジューリングの結果に基づき，それに係る繰延税金資産を計上している場合には，当該繰延税金資産は回収可能性があると判断できるものとする。

ただし繰越欠損金の内容がリストラや法令の改正等によるもので，それを除けば課税所得を毎期計上している組合の場合には、③と同じ扱いとなる。

⑤ 過去連続して重要な税務上の欠損金を計上している組合

過去（おおむね３年以上）連続して重要な税務上の欠損金を計上している組合で，かつ，当期も重要な税務上の欠損金の計上が見込まれる組合の場合には，通常，将来の課税所得の発生を合理的に見積もることができないと判断される。したがって，そのような組合については，原則として将来減算一時差異および税務上の繰越欠損金等に係る繰延税金資産の回収可能性はないものと判断する。

（例１）当期の法人税の別表五(一)[7]に記載されている留保項目は以下の通りであった。実効税率は30%とし，繰延税金資産の回収可能性には問題はないものとする。この処理前の繰延税金資産勘定残高は284,000,000円であった。

区　分	期末利益積立金額（単位：円）
貸倒引当金	240,000,000
賞与引当金	50,000,000
退職給付引当金	560,000,000
減損損失[8]	70,000,000
減価償却超過額[9]	130,000,000

（借）繰延税金資産　31,000,000　　（貸）法人税等調整額　31,000,000

当期末における将来減算一時差異等

240,000,000＋50,000,000＋560,000,000＋70,000,000
＋130,000,000＝1,050,000,000

繰延税金資産の金額

1,050,000,000×30％＝315,000,000

繰延税金資産の追加計上額

315,000,000－前期までに計上した金額284,000,000＝31,000,000

（例２）（例１）にあげた組合の状況がいわゆる次のような組合であった場合に，繰延税金資産として計上できる金額を算定するとともに，必要となる仕訳を示しなさい。ただし翌期の課税所得として250,000,000円が発生する見込みであり，見積可能期間内の課税所得の見積額は700,000,000円である。

なお流動項目以外の一時差異の減算予定は以下のように見積もられている。

区　分	翌期減算見込額	翌々期以降の見積可能期間内の減算見込額	見積可能期間内に減算できない金額
退職給付引当金	40,000,000	100,000,000	420,000,000
減損損失	10,000,000	20,000,000	40,000,000
減価償却超過額	15,000,000	45,000,000	70,000,000

⑴　いわゆる3の組合

繰延税金資産として計上できる金額　156,000,000円

（借）法人税等調整額 128,000,000　　（貸）繰延税金資産 128,000,000

1）　流動項目　　貸倒引当金240,000,000＋賞与引当金50,000,000
＝290,000,000

2）　退職給付引当金の減算見込額＝40,000,000＋100,000,000
＝140,000,000

3）　減損損失の減算見込額＝10,000,000＋20,000,000＝30,000,000

4）　減価償却超過額の減算見込額＝15,000,000＋45,000,000
＝60,000,000

5）　見積可能期間に減算できる一時差異等の金額合計

1）＋2）＋3）＋4）＝520,000,000

6）　見積可能期間内の課税所得見積額　700,000,000＞520,000,000

7）　520,000,000×30％＝156,000,000

見積可能期間内の課税所得見積額が，見積可能期間に減算できる一時差異等の金額の合計を上回るので，後者に税率を乗じて繰延税金資産を計算する。

8）　繰延税金資産の減少額　284,000,000－156,000,000＝128,000,000

⑵　いわゆる4の組合

繰延税金資産として計上できる金額　75,000,000円

（借）法人税等調整額 209,000,000　　（貸）繰延税金資産 209,000,000

いわゆる4の場合には，翌期に減算できる予定の金額だけが対象となる。

1）　流動項目　　貸倒引当金240,000,000＋賞与引当金50,000,000
＝290,000,000

2）　退職給付引当金の減算見込額＝40,000,000

3）　減損損失の減算見込額＝10,000,000

4）　減価償却超過額の減算見込額＝15,000,000

5）　翌期に減算できる一時差異等の金額合計

1）＋2）＋3）＋4）＝355,000,000

6) 翌期の課税所得見積額　250,000,000<355,000,000

7) 250,000,000×30%=75,000,000

翌期の課税所得見積額が，見積可能期間に減算できる一時差異等の金額の合計を下回るので，前者に税率を乗じて繰延税金資産を計算する。

8) 繰延税金資産の減少額　284,000,000－75,000,000=209,000,000

(3) いわゆる5の組合

繰延税金資産として計上できる金額　0円

（借）	法人税等調整額	284,000,000	（貸）	繰延税金資産	284,000,000

いわゆる5の場合には，繰延税金資産の計上ができないので，現在計上されている残高は，全て資産から控除しなければならない。

注

1 法人税法57条。

2 法人税法23条。

3 租税特別措置法61条の4。

4 「税効果会計に係る会計基準（以下，「税効果会計基準」という。）」平成10年10月　企業会計審議会。

5 企業会計基準適用指針第26号「繰延税金資産の回収可能性に関する適用指針（以下，本章において「適用指針」という。」最終改正平成30年2月16日　企業会計基準委員会。

6 適用指針 3.では以下のように定められている。

(5) 「スケジューリング不能な一時差異」とは，次のいずれかに該当する，税務上の益金又は損金の算入時期が明確でない一時差異をいう。

① 一時差異のうち，将来の一定の事実が発生することによって，税務上の益金又は損金の算入要件を充足することが見込まれるもので，期末に将来の一定の事実の発生を見込めないことにより，税務上の益金又は損金の算入要件を充足することが見込まれないもの

② 一時差異のうち，企業による将来の一定の行為の実施についての意思決定又は実施計画等の存在により，税務上の益金又は損金の算入要件を充足することが見込まれるもので，期末に一定の行為の実施についての意思決定又は実施計画等が存在していないことにより，税務上の益金又は損金の算入要件を充足することが見込まれないもの

(6) 「スケジューリング可能な一時差異」とは，スケジューリング不能な一時差異以外の一時差異をいう。

7 法人税の申告書中の別表で，企業会計の利益と，課税所得の相違のうち，翌期以降の課税所得計算に影響するものが，集計されている表である。

8 第17章参照。

9 組合の会計において，法人税の規定より多く減価償却費を計上した場合に生ずる一時差異である。ただし，この中には建物等の減価償却資産の減損損失も含まれている（第17章参照）。

（佐藤日奈）

第16章　貸倒損失及び貸倒引当金

JAの貸出金や購買未収金等の債権は，相手側の業績不振等により回収不能となることがある。本章ではその処理について述べていく。

1　貸倒損失と貸倒引当金の違い

JAが保有する貸出債権（証書貸付金・手形貸付金・当座貸越）や購買未収金等は，相手側（債務者）の状況が悪化することによって，その一部または全額が回収不能となることがある。

ここで，法律上の債権額が消滅した場合[1]あるいはその全額についてJAが回収を断念した場合には，債権（資産）の額を直接減額し，貸倒損失（費用）として処理する。

一方，法的に債権額は有効であるが，その一部または全部につき，JA側が回収不能と判断したもの（以下，「不良債権」ともいう。）については，債権額を直接減額することはできないので[2]，債権を直接減額する代わりに，当該回収不能見積額を貸倒引当金として負債[3]に計上し，その繰入額を費用として処理する。このように債務者ごとに個々の債権について計上する貸倒引当金を，「個別貸倒引当金」という。

なお，貸倒引当金は債務者ごとに回収不能と認められる金額のほか，回収に懸念のない債権（以下，「通常債権」という。）についても，過去の実績率等から通常債権全体に対しても算定される。つまり，最初から回収に懸念がある債務者には債権は発生しないはずであり，不良債権も，もともとは回収に懸念がない債権であったはずである。よって，過去における，通常債権から不良債権となった実績率等に基づいて，貸倒引当金を計上する。これを「一般貸倒引当金」という。

2　貸倒損失

前述したように，法律上の債権額の一部または全額が消滅した場合，あるいはその全額についてJAが回収を断念した場合には，当該債権の額を直接減額し，貸倒損失という費用に振り替える[4]。つまり，資産が費用となることになる。

（例1）　証書貸付金10,000,000円の相手側が裁判所にて破産が確定し，債権が消滅した。

（借）貸倒損失　10,000,000　　（貸）証書貸付金　10,000,000

（例2）　当座貸越5,000,000円の相手側に，債務免除通知を出した。

（借）貸倒損失　5,000,000　　（貸）当座貸越　5,000,000

（例3）　取引を停止してから1年を経過した購買未収金200,000円について，組合内では費用処理をした。

（借）貸倒損失　200,000　　（貸）購買未収金　200,000

3　貸倒引当金

個々の債権について回収が疑わしくても債権自体が消滅していない場合には，回収不能見込額を貸倒引当金（個別貸倒引当金）として計上する。

また債権全体のうち一定割合が貸倒れとなると予想した場合には，具体的にどの債権が貸倒れになるかわからないので，貸倒れになると見積もられた金額を費用に計上しても，貸方の相手科目として債権の科目を使用し，債権金額を減額することができないから，このような場合にも貸倒引当金（一般貸倒引当金）として計上する。まず，このような処理の前に債務者区分が行われる。

(1)　債務者区分

債務者の財務内容，信用格付業者による格付，信用調査機関の情報などに基づき，債務者の信用リスクの程度に応じて信用格付を行う。また，信用格付は，次の債務者区分と整合的でなければならない[5]。また，債務者区分に応じて，債権の内容を非分類[6]，Ⅱ分類[7]，Ⅲ分類[8]，Ⅳ分類[9]に分け，それを用いて引当金の計算が行われる。

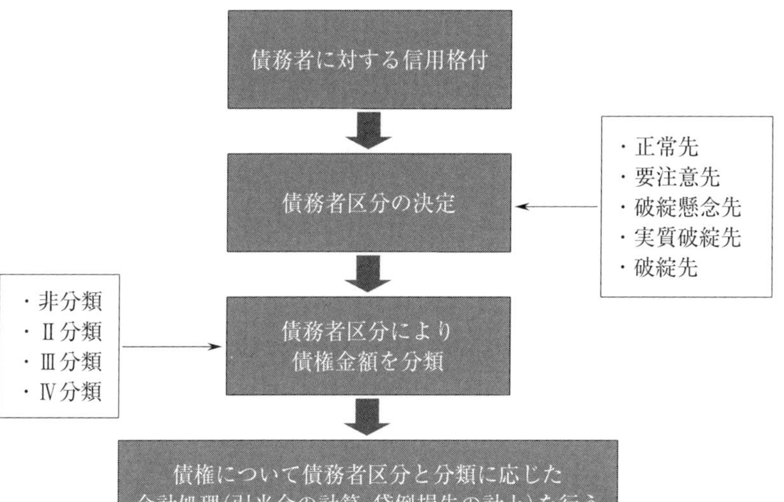

①　正常先

「正常先」とは，業況が良好であり，かつ，財務内容にも特段の問題がないと認められる債務者をいう。

「正常債権」とは，「債務者の財政状態及び経営成績に特に問題がないものとして，要管理債権，危険債権，破産更生債権及びこれらに準ずる債権以外のものに区分される債権」であり，国，地方公共団体及び被管理金融機関に対する債権，正常先に対する債権及び要注意先に対する債権のうち，要管理債権以外の債権である。

【分類】

非分類とする。

②　要注意先

「要注意先」とは，金利減免・棚上げを行っているなど貸出条件に問題のある債務者，元本返済もしくは利息支払が事実上延滞しているなど履行状況に問題がある債務者のほか，業績が低調ないしは不安定な債務者又は財務内容に問題がある債務者など今後の管理に注意を要する債務者をいう。

また，要注意先となる債務者については，要管理先である債務者とそれ以外の債務者を分けて管理することが望ましい。「要管理先である債務者」とは，要注意先の債務者のうち当該債務者の債権の全部又は一部が要管理債権である債務者をいう。

要管理債権とは，要注意先に対する債権のうち，以下のものをいう。

・３月以上延滞債権（元金または利息の支払が，約定利息の翌日を起算日として３月以上延滞している貸出債権）

・貸出条件緩和債権（経済的困難に陥った債務者の債権又は支援を図り，当該債権の回収を促進すること等を目的に，債務者に有利な一定の譲歩を与える約定条件の改訂を行った貸出債権（金融機能再生緊急措置法施行規則第４条））

【分類】

以下のイからホに該当する債権で優良担保[10]の処分可能見込額[11]もしくは優良保証等[12]によって保全されていない部分を原則としてⅡ分類とする。

イ　不渡手形，融通手形及び期日決済に懸念のある割引手形。

ロ　赤字・焦付債権等の補填資金，業績不良の関係会社に対する支援や旧債肩代わり資金等。

ハ　金利減免・棚上げ，あるいは，元本の返済猶予など貸出条件の大幅な軽減を行っている債権，極端に長期の返済契約がなされているもの等，貸出条件に問題のある債権。

ニ　元本の返済もしくは利息支払が事実上延滞しているなど履行状況に問題のある債権及び今後問題を生ずる可能性が高いと認められる債権。

ホ　債務者の財務内容等の状況から回収について通常を上回る危険性があると認められる債権。

③　破綻懸念先

「破綻懸念先」とは，現状，経営破綻の状況にはないが，経営難の状態にあり，経営改善計画等の進捗状況が芳しくなく，今後，経営破綻に陥る可能性が大きいと認められる債務者（金融機関等の支援継続中の債務者を含む）をいう。

具体的には，現状，事業を継続しているが，実質債務超過[13]の状態に陥っており，業況が著しく低調で貸出金が延滞状態にあるなど元本及び利息の最終の回収について重大な懸念があり，したがって損失の発生の可能性が高い状況で，今後，経営破綻に陥る可能性が大きいと認められる債務者をいう。

【分類】

・優良担保の処分可能見込額及び優良保証等により保全されているものは，非分類とする。

・一般担保の処分可能見込額，一般保証により回収が可能と認められる部分及び仮に経営破綻に陥った場合の清算配当等により回収が可能と認められる部分についてはⅡ分類とする。

・上記以外のものはⅢ分類とするが，一般担保の評価額の精度が十分に高い場合には，担保評価額をⅡ分類とすることができる。

④　実質破綻先

「実質破綻先」とは，法的・形式的な経営破綻の事実は発生していないものの，深刻な経営難の状態にあり，再建の見通しがない状況にあると認められるなど実質的に経営破綻に陥っている債務者をいう。

具体的には，事業を形式的には継続しているが，財務内容において多額の不良資産を内包し，あるいは債務者の返済能力に比して明らかに過大な借入金が残存し，実質的に大幅な債務超過の状態に相当期間陥っており，事業好転の見通しがない状況，天災，事故，経済情勢の急変により多大な損失を被り（あるいは，これに類する事由が生じており），再建の見通しがない状況で，元金又は利息について実質的に長期間（原則として6か月以上）延滞している債務者などをいう。

【分類】

・優良担保の処分可能見込額及び優良保証等により保全されているものは，非分類とする。

・一般担保の処分可能見込額，一般保証により回収が可能と認められる部分及び仮に経営破綻に陥った場合の清算配当等により回収が可能と認められる部分についてはⅡ分類とする。

・優良担保及び一般担保の担保評価額と処分可能見込額との差額はⅢ分類とする。

・上記以外の回収の見込のない部分をⅣ分類とする。

なお，一般担保の評価額の精度が十分に高い場合には，担保評価額をⅡ分類とすることができる。また，保証による回収の見込が不確実な部分はⅣ分類とし，当該保証による回収が可能と見込まれた段階でⅡ分類とする。

⑤　破綻先

「破綻先」とは，法的・形式的な経営破綻の事実が発生している債務者をいい，例えば，破産，清算，会社整理，会社更生，民事再生，手形交換所の取引停止処分等の事由により経営破綻に陥っている債務者をいう。

【分類】

実質破綻先と同じである。

⑵　一般貸倒引当金の計上（正常先・要注意先）

正常先・要注意先に対する債権については，個々の債務者ごとに回収不能見込額を見積もることはせず，過去３年程度の実績率等に基づいて，(一般)貸倒引当金を計上する。

①　実績率の計算

A＝過去の債権の平均額

B＝当該過去の期間における貸倒損失及び個別貸倒引当金繰入額

実績率＝B／A

②　一般貸倒引当金の設例

以下のデータをもとに，信用部門における今期（×４年３月期：決算は一年）の要管理債権についての貸倒引当金に関する仕訳を示しなさい。なお，貸倒実績率は過去３年で計算する。

1)　×4年３月期末の要管理債権の金額　130,000,000円

2)　決算整理前の要管理債権に対する信用貸倒引当金残高　7,000,000円

3)　過去における実績

事業年度	期末における要管理債権の額	貸倒損失の額	個別貸倒引当金繰入額
×3年３月期	125,000,000円	1,500,000円	5,000,000円
×2年３月期	150,000,000円	1,200,000円	8,000,000円
×1年３月期	145,000,000円	2,500,000円	7,000,000円

貸倒実績率の計算

Ａ：要管理債権の額の平均額

（125,000,000円＋150,000,000円＋145,000,000円）

÷３年＝140,000,000円

Ｂ：貸倒損失，個別引当金の平均額

（145,000,000円＋5,000,000円＋1,200,000円＋8,000,000円

＋2,500,000円＋7,000,000円）÷３年＝8,400,000円

実績率＝Ｂ÷Ａ＝0.06

貸倒実績率に基づく信用貸倒引当金の計算

130,000,000円×0.06＝7,800,000円

1)　洗い替え法

（借）	信用貸倒引当金	7,000,000	（貸）	信用貸倒引当金戻入	7,000,000
（借）	信用貸倒引当金繰入額	7,800,000	（貸）	信用貸倒引当金	7,800,000

2)　差額調整法

（借）	信用貸倒引当金繰入額	800,000	（貸）	信用貸倒引当金	800,000

(3)　個別貸倒引当金の計上（破綻懸念先・実質破綻先・破綻先）

破綻懸念先・実質破綻先・破綻先に対する債権については，個々の債務者ごとに回収不能見込額を見積もる。その方法は次のとおりである。

①　破綻懸念先の貸倒引当金とすべき額

原則として個別債務者ごとに予想損失額を算定し，予想損失額に相当する額（個別）貸倒引当金として計上する。また個別貸倒引当金は毎期必要額の算定を行う。

② 破綻懸念先に対する貸倒引当金の設例

破綻懸念先であるＡ社に対する資料は以下のとおりであった。

これをもとにこの債権を非分類，Ⅱ分類，Ⅲ分類に分類するとともに，貸倒引当金として計上すべき金額を算定し，必要な仕訳を示しなさい。

なお，Ａ社に対して，これまで計上されていた個別貸倒引当金の金額は，10,000,000円であった。

証書貸付金額	50,000,000円
協会保証による優良保証額	17,000,000円
担保品の評価額	20,000,000円
掛け目	0.7

なお，担保品の処分や保証の実行以外で債権者からの回収が確実な額は4,000,000円である。

債権の分類

非分類	17,000,000円	
Ⅱ分類	14,000,000円	（担保品評価額20,000,000円×0.7）
Ⅲ分類	19,000,000円	

貸倒引当金の額

Ⅲ分類の金額19,000,000円－回収が確実な額4,000,000円

＝15,000,000円

1）洗い替え法

（借）	信用貸倒引当金	10,000,000	（貸）	信用貸倒引当金戻入	10,000,000
（借）	信用貸倒引当金繰入額	15,000,000	（貸）	信用貸倒引当金	15,000,000

2）差額調整法

（借）	信用貸倒引当金繰入額	5,000,000	（貸）	信用貸倒引当金	5,000,000

③ 実質破綻先・破綻先の貸倒引当金とすべき額

実質破綻先・破綻先については，個別債務者ごとにⅢ分類及びⅣ分類とされた債権額全額を予想損失とし，予想損失額に相当する額を（個別）貸倒引当金として計上する。

④　実質破綻先に対する貸倒引当金の設例

③のＡ社が実質破綻先であった場合に，債権を非分類，Ⅱ分類，Ⅲ分類に分類するとともに，貸倒引当金として計上すべき金額を算定し，必要な仕訳を示しなさい。

債権の分類

非分類　17,000,000円

Ⅱ分類　14,000,000円（担保品評価額20,000,000円×0.7）

Ⅲ分類　6,000,000円（担保品評価額20,000,000円－14,000,000円）

Ⅳ分類　13,000,000円

貸倒引当金の額

Ⅲ分類の金額6,000,000円＋Ⅳ分類の金額13,000,000円

＝19,000,000円[14]

1）　洗い替え法

（借）	信用貸倒引当金	10,000,000	（貸）	信用貸倒引当金戻入	10,000,000
（借）	信用貸倒引当金繰入額	19,000,000	（貸）	信用貸倒引当金	19,000,000

2）　差額調整法

（借）	信用貸倒引当金繰入額	9,000,000	（貸）	信用貸倒引当金	9,000,000

注

1　債務者の破産，民事再生計画の決定，JA との合意などによって，法的な債権が消滅（あるいは債権を免除）した場合である。また，法的手続きはないが，JA 側が全額回収不能として判断し，債権の回収を断念した場合も含まれる。

2　つまり，法的に有効な債権額は帳簿に記載しておかなければならない，ということである。

3　簿記では負債として扱われるが，公表財務諸表では資産のマイナス項目となる。

4　法人税基本通達では，以下の場合に貸倒損失を認めている（ただし，国税関係の通達は国税庁からその下位組織に対する命令であり，［金子　宏，2019］116頁によれば，最高裁判決昭和38年12月24日もあげ，「通達は租税法の法源ではない」としたうえで，「しかし，実際には，日々の租税行政は通達に依拠して行われており，納税者側で争わない限り，租税法の解釈・適用に関する大多数の問題は，通達に即して解決されることになるから，現実には，通達は法源と同様の機能を果たしている，といっても過言ではない。」としている。)。

（金銭債権の全部又は一部の切捨てをした場合の貸倒れ）

9-6-1　法人の有する金銭債権について次に掲げる事実が発生した場合には，その金銭債権の額のうち次に掲げる金額は，その事実の発生した日の属する事業年度において貸倒れとして損金

の額に算入する。

⑴ 更生計画認可の決定又は再生計画認可の決定があった場合において，これらの決定により切り捨てられることとなった部分の金額

⑵ 特別清算に係る協定の認可の決定があった場合において，この決定により切り捨てられることとなった部分の金額

⑶ 法令の規定による整理手続によらない関係者の協議決定で次に掲げるものにより切り捨てられることとなった部分の金額

イ 債権者集会の協議決定で合理的な基準により債務者の負債整理を定めているもの

ロ 行政機関又は金融機関その他の第三者のあっせんによる当事者間の協議により締結された契約でその内容がイに準ずるもの

⑷ 債務者の債務超過の状態が相当期間継続し，その金銭債権の弁済を受けることができないと認められる場合において，その債務者に対し書面により明らかにされた債務免除額

（回収不能の金銭債権の貸倒れ）

9-6-2 法人の有する金銭債権につき，その債務者の資産状況，支払能力等からみてその全額が回収できないことが明らかになった場合には，その明らかになった事業年度において貸倒れとして損金経理をすることができる。この場合において，当該金銭債権について担保物があるときは，その担保物を処分した後でなければ貸倒れとして損金経理をすることはできないものとする。

（注） 保証債務は，現実にこれを履行した後でなければ貸倒れの対象にすることはできないことに留意する。

（一定期間取引停止後弁済がない場合等の貸倒れ）

9-6-3 債務者について次に掲げる事実が発生した場合には，その債務者に対して有する売掛債権（売掛金，未収請負金その他これらに準ずる債権をいい，貸付金その他これに準ずる債権を含まない。以下9-6-3において同じ。）について法人が当該売掛債権の額から備忘価額を控除した残額を貸倒れとして損金経理をしたときは，これを認める。

⑴ 債務者との取引を停止した時（最後の弁済期又は最後の弁済の時が当該停止をした時以後である場合には，これらのうち最も遅い時）以後1年以上経過した場合（当該売掛債権について担保物のある場合を除く。）

⑵ 法人が同一地域の債務者について有する当該売掛債権の総額がその取立てのために要する旅費その他の費用に満たない場合において，当該債務者に対し支払を督促したにもかかわらず弁済がないとき

（注） ⑴の取引の停止は，継続的な取引を行っていた債務者につきその資産状況，支払能力等が悪化したためその後の取引を停止するに至った場合をいうのであるから，例えば不動産取引のようにたまたま取引を行った債務者に対して有する当該取引に係る売掛債権については，この取扱いの適用はない。

5 「預貯金等受入系統金融機関に係る検査マニュアル」（最終改正 令和元年６月24日）183～216頁。

6 非分類資産とは，回収の危険性または価値の毀損の危険性について，問題のない資産であり，Ⅱ分類，Ⅲ分類，Ⅳ分類としない資産である。

7 Ⅱ分類資産とは，債権確保上の諸条件が十分に満たされていないため，あるいは，信用上疑義

が存ずる等の理由により，その回収について通常の度合いを超える危険を含むと認められる債権等の資産である。ただしこれには一般担保，保証で保全されているものと，それらで保全されていないものがある。

8　Ⅲ分類資産とは，最終の回収又は価値について重大な懸念が存し，したがって損失の発生の可能性が高いが，その損失額について合理的な推計が困難な資産である。

ただし金融機関にとって損失額の推計が全く不可能とするものではなく，個々の資産の状況に精通している金融機関自らのルールと判断により損失額を見積ることが適当とされるものである。

9　Ⅳ分類資産とは回収不可能又は無価値と判定される資産である。その資産が絶対的に回収不可能又は無価値であるとするものではなく，また，将来において部分的な回収があり得るにしても，基本的に，査定基準日において回収不可能又は無価値と判定できる資産である。

10　優良担保とは，預金，貯金，掛金，元本保証のある金銭の信託，満期返戻金のある保険共済，国債等の信用度の高い有価証券及び決済確実な商業手形及びこれに類する電子記録債権等をいう。

11　処分可能見込額とは，一般に「担保品の評価額×掛け目」として算定される。掛け目については，次に掲げる以下の数値を用いることが一般的である。

（不動産担保）

土地	評価額の70%
建物	評価額の70%

（有価証券担保）

国債	評価額の95%
政府保証債	評価額の90%
上場株式	評価額の70%
その他の債券	評価額の85%

12　優良保証には以下のようなものがある。

- 公的信用保証機関の保証
- 金融機関の保証
- 複数の金融機関が共同して設立した保証機関の保証
- 地方公共団体と金融機関が共同して設立した保証機関の保証
- 地方公共団体の損失補償契約等保証履行の確実性が極めて高い保証
- 金融商品取引所上場の有配会社または店頭公開の有配会社で，かつ保証者が十分な保証能力を有し，正式な保証契約によるもの
- 独立行政法人住宅金融支援機構の「住宅融資保険」などの公的保険のほか，民間保険会社の「住宅ローン保証保険」等

13　債務超過とは，債務者の貸借対照表において，資産より負債が多い状態（つまり純資産がマイナス）をいう。実質債務超過とは，債務者から入手した貸借対照表が債務超過の状態ではなくとも，JA側がそこに計上されている資産の評価等を見直した場合に，債務超過となってしまうものをいう。

14　実質破綻先及び破綻先は，Ⅲ分類とⅣ分類の合計が貸倒引当金となり，回収予定額は考慮しない。

（平野秀輔）

第17章　固定資産の減損に係る会計及び資産除去債務会計

1　固定資産の減損に係る会計の意義

固定資産の減損に係る会計とは，企業の所有する固定資産に対し，取得原価基準の下で行われる帳簿価額の臨時的な減額を行う「減損処理」についてその要否を判断し，処理する会計である。

固定資産は投資中の資産であり，長期の利用によって収益を上げることを目的として所有しているので，本来は取得原価で評価されることになる。ただしそのような資産であっても収益性の低下によってその投資額の回収が見込めなくなった場合には，それが判明した時点で回収可能価額との差額を損失計上し，将来に損失を繰り延べないようにする。

つまり固定資産に係る減損会計とは子会社株式や棚卸資産について時価等が著しく下落した場合にその投資額が回収不能と判断された場合と同じように，固定資産に対する「投資の失敗」が明らかになった時点において，その回収可能価額まで帳簿価額を減額し減損処理をする会計である。ただし，その固定資産自体の市場価額が著しく下落したとしても，営業等によってその投資価額が回収可能な場合には減損処理は行われない。このように固定資産に係る減損会計は単純に時価を付す時価会計とは異なる会計であるといえる。

2　固定資産の減損に係る会計の対象資産

固定資産の減損に係る会計の対象資産及び固定資産のうち対象範囲から除かれるものは次のとおりである。

⑴　対象資産

①　有形固定資産

建物，構築物，機械装置，車両運搬具，工具器具備品，土地，建設仮勘定等

② 無形固定資産

借地権・特許権などの法律上の権利，施設利用権，自社利用のソフトウェア，のれん（営業権）等

(2) 固定資産のうち対象から除外されるもの

固定資産のうち次のように他の会計基準によって具体的にその減損処理に関する定めがあるものは，この基準の適用を受けない。

市場販売目的のソフトウェア→「研究開発等に係る会計基準」

金融資産→「金融商品に係る会計処理基準」

繰延税金資産→「税効果会計に係る会計処理基準」

前払年金費用→「退職給付に係る会計処理基準」

3 固定資産の減損会計の手続フロー

固定資産の減損会計は以下のような手順に従って行われる。なお，第１段階の減損の兆候（５参照）は毎期判断されるが，資産又は資産グループについて減損の兆候がなければ，そこで手続きは終了し，何ら会計処理はされないが固定資産の減損に係る会計基準は適用したことになる。

また減損の兆候があった場合でも第２段階において資産又は資産グループの帳簿価額が割引前将来キャッシュ・フロー（６参照）より低ければそこで手続きは終了する。

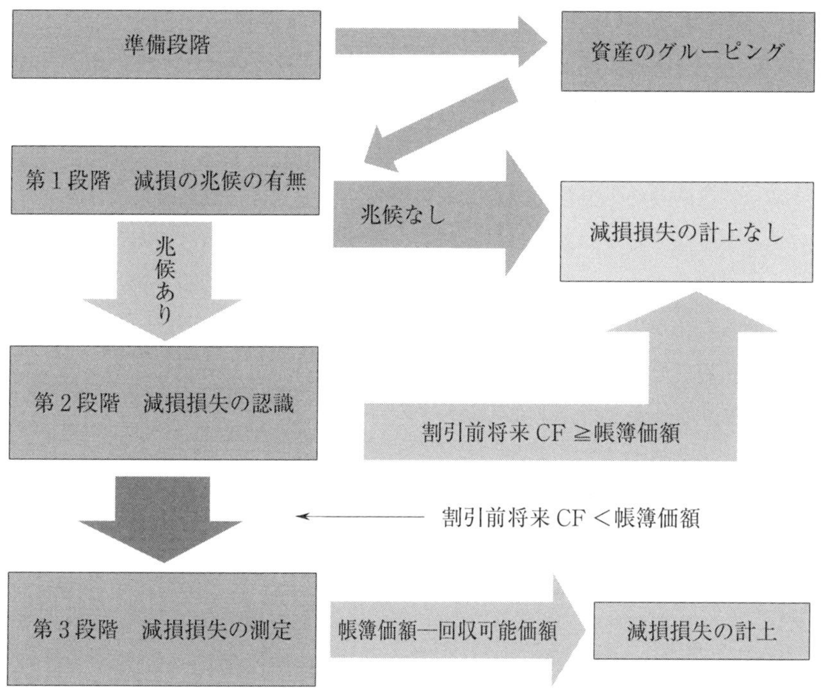

4　資産のグルーピング（準備段階）

複数の資産が一体になって独立したキャッシュ・フローを生み出す場合には，減損損失を認識するかどうかの判定及び減損損失の測定に際して，合理的な範囲で資産のグルーピングを行う必要がある。そこで資産のグルーピングに際しては，他の資産又は資産グループのキャッシュ・フローから，おおむね独立したキャッシュ・フローを生み出す最小の単位で行われる[1]。

実務的には管理会計上の区分や投資の意思決定を行う際の単位等を考慮してグルーピングの方法を定めることになる。ただし，いったん採用したグルーピングの方法は事業の再編成による管理会計上の区分の変更や，主要な資産の処分など事実関係が変化した場合を除き，翌期以降も同じグルーピングの方法を採用しなければならない。

5　減損の兆候（第１段階）

資産又は資産グループに減損が生じている可能性を示す事象を減損の兆候といい，例えばグルーピングを行った後の資産又は資産グループについて次のような状況にあるものが考えられる[2]。

(1)　営業活動から生じる損益又はキャッシュ・フローが継続してマイナスとなっているか，あるいは継続してマイナスとなる見込であること。

(2)　使用されている範囲又は方法について，回収可能価額を著しく低下させる変化が生じたか，あるいは生じる見込であること。

(3)　使用されている事業に関連して経営環境が著しく悪化したか，あるいは悪化する見込であること。

(4)　市場価格が著しく下落したこと。

すべての資産又は資産グループについて減損の兆候がなければ，この時点で手続きは終了する。ただし，減損の兆候があった資産又は資産グループについては，次の第２段階に進むことになる。

6　減損損失の認識（第２段階）

資産又は資産グループにおいて減損の兆候がある場合，減損損失の計上が必要となるか否か，すなわち当期において減損損失を認識するか否かの判断は，減損の兆候がある資産又は資産グループごとに，割引前将来キャッシュ・フローと帳簿価額を比較することによって行われる[3]。

(1)　割引前将来キャッシュ・フロー

割引前将来キャッシュ・フローとは見積期間におけるその資産又は資産グループの使用によって生ずるキャッシュ・イン・フロー（収入）からキャッシュ・アウト・フロー（支出）を控除し，そこに見積期間終了時における処分価値を加算（マイナスの場合には減算）したものである。

割引前とあるように，この段階の計算では将来収入・支出を現在価値（下記：参照）に置き換えなくて良いことになっている。すなわち将来価値を現在価値に割引計算する必要はないということである。

さて，将来価値と，現在価値の概念を説明するために，ここで，金利を５%，５年後に入金される（キャッシュ・イン）50,000,000円について，将来価値と現在価値を考えてみよう（表はexcelでNPV関数を用いた結果によっているので，現在価値に¥が付いている。)。

	将来キャッシュ・フロー	当該時点における将来キャッシュ・フローの現在価値
現　在	0	¥39,176,308
1年後	0	¥41,135,124
2年後	0	¥43,191,880
3年後	0	¥45,351,474
4年後	0	¥47,619,048
5年後	50,000,000	¥50,000,000

つまり，5年後に入金されるキャッシュ・インフローの将来価値は50,000,000円であるが，これは金利が毎年5％付された結果として50,000,000円である，とも考えられる。すると，現在価値は毎年5％の複利計算（毎年1＋5％）によって，50,000,000円になるとすると，以下のように計算できる。

50,000,000円÷$(1+0.05)^{5}$＝39,176,308円

このように，金利等を「割引率」とし，現在価値を求めることを，「割引計算」といい，1年後以降の数値は，時の経過によってその部分の利息が付くため，5％分増額することになる。

固定資産の減損に係る会計では，この将来キャッシュ・フローについて，減損損失の認識時点においては割引前（50,000,000円）を用い，減損損失の算定時点においては現在価値（39,176,308円）を用いることになっている。

(2)　割引前将来キャッシュ・フローの見積期間

資産又は資産グループの中の主要な資産の経済的残存使用年数と，20年のいずれか短い方とする[4]。資産グループの中から主要な資産を選定する場合には以下の要素を考慮して総合的に判断する。

・その資産を必要とせずに資産グループの他の構成資産を取得するかどうか。

・当該資産を物理的及び経済的に容易に取り替えないかどうか。

経済的残存使用年数とは，今後経済的に使用可能と予測される年数であり，耐用年数を見積る際の要素を考慮して決定されるが，実務上は当該資産の減価償却計算に用いられている税法耐用年数に基づく残存耐用年数（著しく相違する場合を除く）を経済的残存使用年数とみなすことが多い。

(3) 将来キャッシュ・フローの見積方法

将来キャッシュ・フローは企業に固有の状況を反映した合理的で説明可能な仮定及び予測に基づいて見積られ，基本的には中・長期の経営計画に用いている数値を基本として使用することになる。また中・長期計画の期間を超える期間のキャッシュ・フローは中・長期計画にそれまでの趨勢を踏まえた一定又は逓減する仮定に基づいて算定される。

(4) 割引前将来キャッシュ・フローの総額の算定

割引前将来キャッシュ・フローは次のように見積ることになる。

① 資産又は資産グループの主要な資産についてその経済的使用年数が20年を超えない場合（C・F＝キャッシュ・フロー）

割引前将来C・F＝経済的残存使用年数までの割引前C・F＋経済的耐用年数経過時点の資産または資産グループの中の主要な資産の正味売却価額

② 20年を超える場合

割引前将来C・F＝20年目までの割引前C・F＋20年経過時点の資産または資産グループの中の主要な資産の回収可能価額[5]

(5) 減損損失の認識

減損の兆候がある資産は，資産又は資産グループから得られる割引前将来キャッシュ・フローの総額と帳簿価額の比較を行う。そして割引前キャッシュ・フローより帳簿価額が大きい場合には，将来見込めるキャッシュ・フローをもってしても帳簿価額を回収できないことになるため，投資の失敗という事実が明らかになったということから，この段階で減損損失が生じていると認識し，第３段階に進むことになる。

割引前将来キャッシュ・フロー帳簿価額 ⇒ 減損損失を認識する

割引前将来キャッシュ・フローが帳簿価額を上回っている場合には，減損損失の認識は行われず，この時点で固定資産の減損会計に関する手続きが終了する。

（例１）　以下の固定資産について減損損失を認識する必要があるか否かを判断しなさい。

・帳簿価額　　400百万円
・経済的残存使用年数経過時点の正味売却価額　40百万円
・将来キャッシュ・フロー　　30百万円／年
・経済的残存使用年数　　10年

割引前将来キャッシュ・フロー

30百万円×10年＋40百万円＝340百万円

判定

割引前将来キャッシュ・フロー340百万円＜帳簿価額400百万円

※減損損失の認識が必要となる。

（例２）　以下の建物について減損損失を認識する必要があるか否かを判断しなさい。

・帳簿価額　　735百万円
・経済的残存使用年数経過時点の正味売却価額　　40百万円（※）
・将来キャッシュ・フロー　　30百万円／年（１年から20年）
　　20百万円／年（21年から25年※）

※20年経過時点におけるこれらの価値合計は130百万円である
（正味売却価額＋21年以降のキャッシュ・フロー）

・経済的残存使用年数　　25年
・割引率　　２％

割引前将来キャッシュ・フロー

20年目までのキャッシュ・フロー

30百万円×20年＝600百万円

21年目から25年目までのキャッシュ・フロー（割引計算）

130百万円

キャッシュ・フローの合計額＝600＋130＝730百万円

判定

割引前将来キャッシュ・フロー730百万円＜帳簿価額735百万円

※減損損失の認識が必要となる。

7　減損損失の測定（第3段階）

⑴　測定の基本的原則

第2段階において割引前将来キャッシュ・フローが帳簿価額に満たない場合には減損損失を測定し，会計処理が行われる。減損損失は帳簿価額と回収可能価額の差額として計算される。回収可能価額とは正味売却価額と使用価値のうちいずれか高い方の金額である[6]。

減損損失＝帳簿価額 　　　　　　－回収可能価額（正味売却価額又は使用価値のうち高い方）

⑵　正味売却価額

正味売却価額とはその固定資産又は資産グループの時価から処分費用見込額を控除した額である[7]。時価とは公正な評価額である。

⑶　使用価値

使用価値とは「継続使用によって生ずると見込まれる将来キャッシュ・フロー」と「使用後の処分によって生ずると見込まれる将来キャッシュ・フロー」を合計し，これを現在価値に割り引くことによって求められる。この際に用いられる割引率は，貨幣の時間価値を反映した税引前の利率とされる。

（例）　減損損失の認識　（例2）の場合に，減損損失の額を計算し，仕訳をしなさい。ただし，使用価値は578百万円である。

減損損失の額　帳簿価額735百万円－使用価値578百万円＝157百万円

（借）減 損 損 失 157,000,000　　（貸）建　　　物 157,000,000

年　　数	将来キャッシュ・フロー
1	30
2	30
3	30
4	30
5	30
6	30
7	30
8	30
9	30
10	30
11	30
12	30
13	30
14	30
15	30
16	30
17	30
18	30
19	30
20	30
21	20
22	20
23	20
24	20
25	60

20年目までの価値
20
20
20
20
60

	2 %	
現在価値	578	NPV

20年目までの価値	130	NPV

8　減損損失の会計処理

(1)　減損損失の処理

帳簿価額を回収可能価額まで減額し，当該減少額を減損損失として当期の損失（原則として特別損失）とする。なお，減損損失は基本的に将来減算一時差異となるため，税効果会計の適用を受ける。

⑵ 減損損失の各構成資産への配分

資産グループについて認識された減損損失は，帳簿価額に基づく比例配分等の合理的な方法により，当該資産グループの各構成資産に配分する。

⑶ 減損処理後の会計処理

減損損失を控除した帳簿価額から見積残存価額を控除した金額を，企業が採用している減価償却の方法に従って，規則的，合理的に配分する。

9 再評価差額金を計上している土地に対する取扱い

「土地の再評価に関する法律」により再評価を行った土地については，再評価後の帳簿価額に基づいて減損会計を適用する。この場合，減損処理を行った部分に係る土地再評価差額金は取り崩すこととなると解されるが，法律の定めのもとで計上された土地再評価差額金は，売却した場合と同様に，剰余金修正を通して繰越利益剰余金に繰り入れる[8]。

（例） 以下の土地について減損の兆候があることが判明した。なお，減損損失は将来減算一時差異に該当し，当JAは繰延税金資産について全額回収可能性があると判断され，実効税率は25%とする。なお，土地再評価差額金及び再評価に係る繰延税金負債は減損損失の金額までを取り崩すものとする。

土地の名　称	帳簿価額	帳簿価額に含まれている再評価による増加額	再評価による増加額の内訳		割引前将来キャッシュ・フロー	回収可能価額
			土地再評価差額金（純資産）	繰延税金負債		
O土地	53,920,000	20,000,000	15,000,000	5,000,000	56,000,000	49,372,800
P土地	43,500,000	22,500,000	16,875,000	5,625,000	18,000,000	18,000,000
Q土地	39,120,000	16,800,000	12,600,000	4,200,000	36,000,000	33,144,000

（平成31年農協監査士試験　試験問題）

O土地　仕訳なし

割引前将来キャッシュ・フロー＞帳簿価額なので，減損損失を認識しない。

P土地	（借）	減損損失	25,500,000	（貸）	土地	25,500,000
		繰延税金負債	5,625,000		法人税等調整額	5,625,000
		繰延税金資産	750,000		法人税等調整額	750,000
	（借）	土地再評価差額金	16,875,000	（貸）	土地再評価差額金取崩益	16,875,000
Q土地	（借）	減損損失	5,976,000	（貸）	土地	5,976,000
		繰延税金負債	1,494,000		法人税等調整額	1,494,000
	（借）	土地再評価差額金	4,482,000	（貸）	土地再評価差額金取崩益	4,482,000

10　共用資産の取扱い

資産のグルーピングにおいては，すべての資産がある資産グループに分類されるとは限らない。このような資産は減損会計においては共用資産という扱いを受ける。

(1)　共用資産の意義

共用資産とは本社の建物など複数の資産又は資産グループの将来キャッシュ・フローの生成に寄与する資産をいう。ただし「のれん」は除かれる。

(2)　共用資産に減損の兆候がある場合

減損損失の認識及び測定は，原則として，共用資産が関連する複数の資産又は資産グループに共用資産を加えた，より大きな単位で行うこととなる。

①　減損損失認識の判定

1)　各資産又は資産グループごとに減損損失の認識を判定する

すなわち各資産又は資産グループごとに帳簿価額と割引前将来キャッシュ・フローの比較を行い減損損失の認識の要否を判定する。

2)　次に共用資産を含むより大きな単位で減損損失認識の判定を行う

つまり「共用資産の帳簿価額+各資産又は各資産グループの減損損失控除前の帳簿価額」と「共用資産を含むより大きな単位から得られる割引前将来キャッシュ・フロー」を比較し，前者より後者が小さければ減損損失を認識することになる。

② 減損損失の測定

1) 各資産及び資産グループにおいて認識された減損損失につき帳簿価額を回収可能額まで減額する。

2) 共用資産の帳簿価額に各資産又は各資産グループの減損損失控除前の帳簿価額を加えた額を，より大きな単位の回収可能価額まで減額する。

11 資産除去債務の会計

企業会計基準第18号は「資産除去債務に関する会計基準」[9]（以下「資産除去債務会計基準」という。）を定めている。

(1) 資産除去債務の意義

資産除去債務とは，有形固定資産の取得，建設，開発または通常の使用によって生じ，当該有形固定資産の除去に関して法令または契約で要求される法律上の義務およびそれに準ずるものをいう。この会計の対象資産は有形固定資産であり，建設仮勘定やリース資産も含まれる。

JA においては，具体的には次のようなものが対象となる。基本的に自己所有の有形固定資産については対象外であるが，③のような法的義務を負っている場合には資産除去債務を見積ることが必要となる。

① 定期借地権契約で賃借した土地の上に建設した建物等を除去する義務

② 賃貸借建物に係る造作の除去などの原状回復義務

賃貸不動産などは原状回復義務があっても，自動更新条項などがあり，除去費用の発生が合理的に見積れない場合には対象外となる。

③ 有害物質（PCB，アスベスト，フロン）に対する法的な除去義務がある場合

(2) 資産除去債務会計の基本的な考え方

資産除去債務は資産の取得時点でこれを見積り，当該金額を資産の取得原価に加算するとともに同額を「資産除去債務」として負債計上する。毎年の減価償却費については固定資産の購入等対価に，資産除去債務の金額を含めて行うことになる。

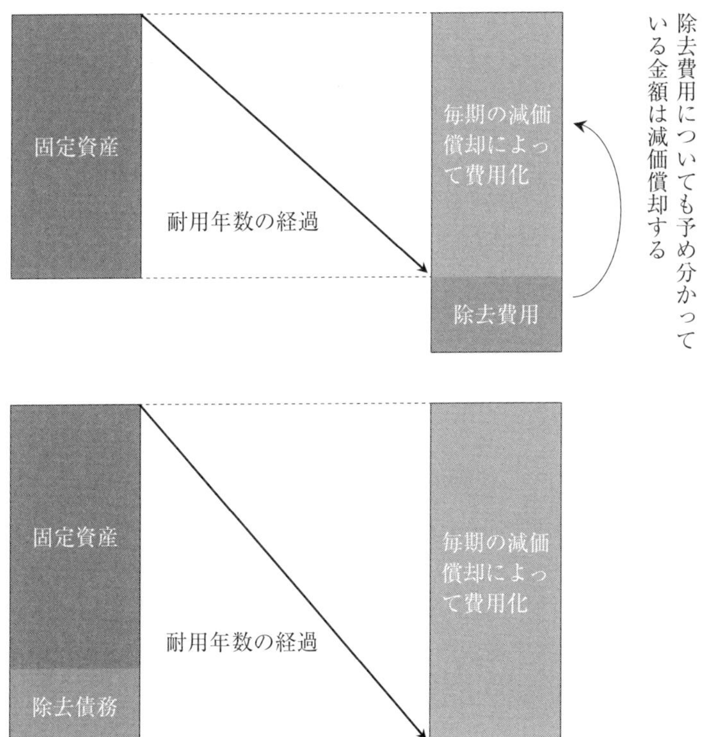

ただし，資産除去債務は将来の支出であるから，債務として認識する時点では，現在価値に置き換える必要がある[10]。

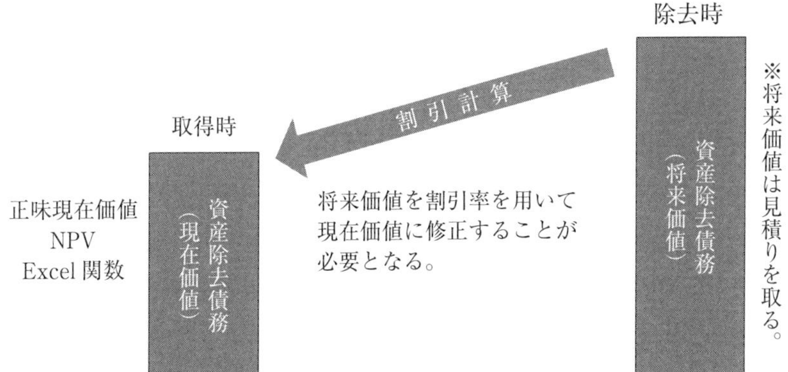

(3) 割引率

資産除去債務の算定に際して用いられる割引率は，原則として将来キャッシュ・フローが発生するまでの期間に対応した利付国債の流通利回りなどを参考に決定される。また，いったん採用した割引率はその後金利変動が生じても，これを変更せず固定する[11]。

そして，毎年時の経過により増加する資産除去債務の金額は「利息費用」として費用処理される。

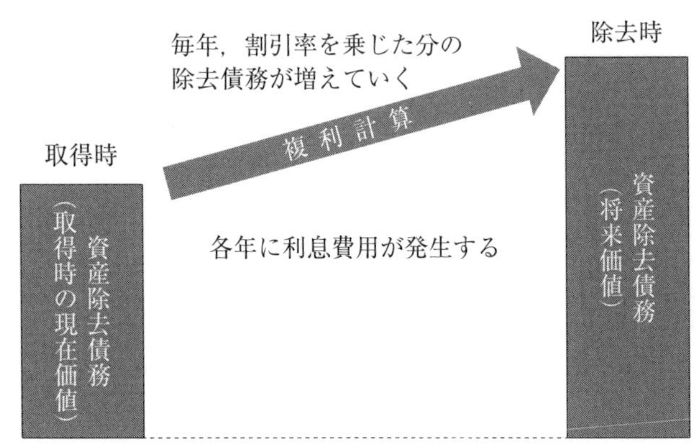

(4) 設　例

（例１）×年４月１日に事業用借地権10年が設定されている建物200,000,000円を取得し，普通貯金からの振替にて支払った。この借地契約終了時に原状回復費用として40,000,000円が見積られた。決算は３月31日に終了する１年であり，割引率は2%とする。建物は借地権の期間で定額法により減価償却する。

	支出額(将来価値)	各年の現在価値	利息費用（金利2%）
現在		¥32,813,932	¥0
1	0	¥33,470,211	¥656,279
2	0	¥34,139,615	¥669,404
3	0	¥34,822,407	¥682,792
4	0	¥35,518,855	¥696,448
5	0	¥36,229,232	¥710,377
6	0	¥36,953,817	¥724,585
7	0	¥37,692,893	¥739,076
8	0	¥38,446,751	¥753,858
9	0	¥39,215,686	¥768,935
支出時10	40,000,000	¥40,000,000	¥784,314

（取得時の仕訳）

（借）	建　　物	200,000,000	（貸）	普通貯金	200,000,000
（借）	建　　物	32,813,932	（貸）	資産除去債務	32,813,932

当初の資産除去債務32,813,832円

（一年目の決算時の仕訳）

（借）	減価償却費	23,281,393	（貸）	建　　物	23,281,393
（借）	利息費用	656,279	（貸）	資産除去債務	656,279

(5) 既に取得している資産に対する適用

既に取得している資産に対し，資産除去債務を見積る場合には，いったん取得時からそれを適用したとした場合の資産除去債務の未償却期首残高および資産除去債務の期首残高と，取得時点において計算されるそれぞれの金額の差額は特別損失として処理する。

(6) 減損会計との関係

資産除去債務の会計基準の適用後には，減損会計の際に算定する将来キャッシュ・フローの見積りに除去費用部分を含めないことになる。これは将来

キャッシュ・フローの見積りに含めてしまうと，除去費用の影響額を二重認識してしまうことになるからである。

(7) 資産除去債務の見積りの変更

① 割引前将来キャッシュ・フローの見積りの変更

割引前の将来キャッシュ・フローに重要な見積りの変更が生じた場合の当該見積りの変更による調整額は，資産除去債務の帳簿価額及び関連する有形固定資産の帳簿価額に加減して処理する。資産除去債務が法令の改正等により新たに発生した場合も，見積りの変更と同様に取り扱う[12]。

② 割引前将来キャッシュ・フローの見積りの変更による調整額に適用する割引率

割引前の将来キャッシュ・フローに重要な見積りの変更が生じ，当該キャッシュ・フローが増加する場合，その時点の割引率を適用する。これに対し，当該キャッシュ・フローが減少する場合には，負債計上時の割引率を適用する。なお，過去に割引前の将来キャッシュ・フローの見積りが増加した場合で，減少部分に適用すべき割引率を特定できないときは，加重平均した割引率を適用する[13]。

注

1 「固定資産の減損に係る会計基準（以下，「減損基準」という。）」平成14年8月9日　企業会計審議会　6.(1)
2 減損基準　1.
3 減損基準　2.(1)
4 減損基準　2.(2)
5 「資産又は資産グループ中の主要な資産の経済的残存使用年数が20年を超える場合には，20年経過時点の回収可能価額を算定し，20年目までの割引前将来キャッシュ・フローに加算する。」（減損基準　注4）
6 減損基準　注1.1
7 減損基準　注1.2
8 企業会計基準適用指針第6号「固定資産の減損に係る会計基準の適用指針」企業会計基準委員会64。
9 平成20年3月31日　企業会計基準委員会
10 資産除去債務会計基準　6.
11 資産除去債務会計基準　49.

12　資産除去債務会計基準　10.

13　資産除去債務会計基準　11.

（長谷川祐哉）

第18章　出資金・剰余金に関する取引処理

JAにおいては，組合員や準組合員から出資金を受け入れる。また，その出資者の会議体である定時（毎年一定の時期に行われる）の組合員総会（もしくは総代会）における剰余金の処分決議を経て，出資配当等を出資者に支払う。本章ではこのような取引に関する簿記について説明する。

1　出資金に関する取引

(1)　新規加入取引

出資組合において組合員・準組合員になるためには，出資（農協法第13条）をしなければならない。出資は「出資金」という組合員資本の勘定で処理され，加入の取引は次のように仕訳される。

（例）　山田洋二より出資の20日（一口3,000円）申込みがあり，現金を受け入れた。

（借）現　　　金　　60,000　　（貸）出　資　金　　60,000

(2)　増資取引

増資とは，出資の口数を多くして，出資金額を増加させる手続きをいう。新規加入の時は現金出資になるが，すでに組合員であるものから払込みを受ける場合には貯金の残高もあることが多いので，増資の引受けでは貯金振替の取引も多くなる。

（例）　組合員小山和子は，30口（一口3,000円）の増資を引き受けた。なお，払込金は本人の普通貯金口座より振替入金した。

（借）普 通 貯 金　　90,000　　（貸）出　資　金　　90,000

2　剰余金に関する取引

剰余金は，組合員代会（もしくは総代会）によってその処分が決定され組合員に分配され，残りはJA内部に留保される。

⑴ 剰余金処分

一会計期間が終了すると，損益計算書において未処分剰余金（もしくは未処理損失金）が計上される[1]。これは通常総代会の決議により，その使途（もしくは処理）が決められる。これを剰余金処分（又は損失金処理）といい，剰余金の使途は次のようになる。

① 法律によって，JA内に残しておく利益（利益準備金）

② 法律によって，強制されなくても将来のためにJA内部に残しておく利益（特別積立金）

③ 組合員の出資割合に対する利益の分配（出資配当金）

④ 事業利用割合に応じた利益の分配（事業分量配当金）

⑤ 次期に繰越される未処分剰余金（次期繰越剰余金）

⑵ 利益準備金

これは農協法第51条第1項の規定に基づいて，JAの定款で定めた額まで，毎事業年度の剰余金の5分の1（信用事業を行わないJAにあっては10分の1）を積み立てなければならないとされているもので，その定款で定める額は，出資総額（信用事業を行わないJAにあっては出資総額の2分の1以上）を下ってはいけないとされている（同第2項）。なお積み立てると言う表現は，定期預金の積立のように実際に金銭を外部に預けるということではなく，簿記においては，剰余金の一部に特別な名称を付して区別しておくことだと考えるべきであり，これは次に説明する特別積立金についても同様である。

⑶ 特別積立金

特別積立金は，毎事業年度の剰余金の中から，その処分によって積み立てられた積立金を計上する勘定である。特別積立金を特定の目的のために積み立てた場合には（例えば，教育や肥料の価格安定など），教育積立金，価格安定積立金等の名称を付した勘定科目で処理される。

⑷ 出資配当金

組合員の出資に対する剰余金の分配で，出資の額に応じて支払われる。JAにあっては払込出資金額の年7％以内，農業協同組合連合会にあっては年8％以内とされている（農協法施行令第28条）。

⑸　事業分量配当金

事業分量配当金とは，当該会計年度における各事業の取扱分量によって配当することが認められているもので，信用事業においては定期性貯金の平均残高，共済事業においては長期共済年度末保有契約額，販売事業においては販売品販売額，等に応じてその利用者に基準を定めて剰余金を分配するものである。

⑹　次期繰越剰余金

未処分剰余金からすでに説明した処分項目を控除して残った金額が，次期繰越剰余金とされる。

3　剰余金に関する取引処理例

以下の（例１）から（例３）は全て連続しているものとする。

（例１）　×3年３月31日決算整理後の損益勘定の記入は以下のとおりであった。

なお，前期から繰り越された剰余金は80,000,000円であり，繰越剰余金勘定で処理している。

損益勘定貸方（収益）合計　54,800,000,000

損益勘定借方（費用）合計　54,250,000,000

（借）	損　　　益	550,000,000	（貸）未処分剰余金	630,000,000
	繰越剰余金	80,000,000		

（例２）　×3年６月25日に通常総代会において以下のように剰余金処分決議がなされた。

Ⅰ　当期未処分剰余金		630,000,000
Ⅱ　剰余金処分額		
①　利益準備金	110,000,000	
②　特別積立金	20,000,000	
③　教育積立金	40,000,000	
④　価格安定積立金	25,000,000	
⑤　出資配当金	300,000,000	

⑥	事業分量配当金	100,000,000	595,000,000
Ⅲ	次期繰越剰余金		35,000,000

(借)	未処分剰余金	630,000,000	(貸)	利益準備金	110,000,000
				特別積立金	20,000,000
				教育積立金	40,000,000
				価格安定積立金	25,000,000
				未払出資配当金[2]	300,000,000
				未払事業分量配当金[3]	100,000,000
				繰越剰余金	35,000,000

（例３） ×3年６月30日に出資配当金と事業分量配当金を組合員等の普通貯金口座に振り込んだ。

(借)	未払出資配当金	300,000,000	(貸)	普通貯金	400,000,000[4]
	未払事業分量配当金	100,000,000			

注

1　株式会社においては，損益計算書は当期純利益が末尾となるが，JA の場合には，剰余金処分が定時総代会の決議事項であるため，当期純利益に特別積立金の目的使用による取崩額及び前期から繰り越した剰余金を加算した，「未処分剰余金」が損益計算書の末尾となる。

2　出資配当金は組合内部に残らず，出資者に対して支払われるものなので，決議がなされたら，資本から負債に振替えられることになる。

3　事業分量配当金は組合内部に残らず，組合員等の組合事業の利用割合に応じて，組合員等に支払われるものなので，決議がなされたら，資本から負債に振替えられることになる。

4　実際の支払に際しては，出資配当金の場合には20.42%，事業分量配当金の場合には個人20.315%及び法人15.315%の源泉所得税が控除される。

（平野秀輔）

第19章　JAの財務諸表

1　JAの財務諸表

JAの財務諸表は，事業が広範囲にわたるために貸借対照表，損益計算書等が複雑化する。それは，JAの事業には，信用事業，共済事業，経済（購買・販売・農業倉庫・加工・利用・宅地供給・指導）事業があることにより，銀行・保険・商社・不動産等の特徴ある財務諸表が一つにまとめられるので，一般企業が作成する財務諸表と比較して情報量の多い内容になっている。そのためJAにおける財務諸表では資産・負債・収益・費用は事業ごとにまとめられ，利用者の便を図っている。

2　簿記によって作成された財務諸表と報告様式の違い

簿記によって作成される財務諸表（貸借対照表，損益計算書）は，記帳において使用した勘定科目を用いて表示されるが，そのままでは大変詳細なため，組合員総会や所轄官庁に届け出る報告様式の財務諸表では，これらの勘定科目を事業別・性質別にまとめることになる。

貸借対照表の資産は，信用事業・共済事業・経済（購買及び販売）事業・その他各JAの特質に合わせて，事業別に記載される。それに続き固定資産には有形・無形固定資産を記載し，子会社株式等は外部出資として表示される。負債も資産と同様に，事業別に記載される。

また損益計算書においては「第2章」で説明した様式（勘定と同じ形式であったので「勘定様式」という）でなく，「報告書形式（報告様式）」となり，さらに次のように利益の計算を区分して表示される。

⑴　各事業収益からそれらに関連する費用を差引き，事業ごとの損益（事業利益）をそれぞれ示し，その合計を「事業総利益」として表示する。

⑵　事業総利益から事業管理費を控除して「事業利益」を求める。

⑶　事業利益から事業外収益と事業外費用を加減して「経常利益」を求め

る。

⑷　経常利益から特別利益と特別損失を加減して「税引前当期利益」を求める。

⑸　税引前当期利益から法人税，住民税及び事業税と税金等調整額を加減して「当期剰余金」を求める。

3　JAの財務諸表の報告様式

JAの貸借対照表及び損益計算書について，「農業協同組合法施行規則」に記載されている様式を以下に示すものとする。ただし，連結財務諸表については「第20章」に示すこととする。

(1) JAの貸借対照表

別紙様式第1号の2(1)（農業協同組合施行規則第106条第1号関係）

第　年度（　年　月　日現在）貸借対照表

（農業協同組合名）
（単位：千円）

科　目	金　額
（資産の部）	
1　信用事業資産	
(1)　現金	
(2)　預金	
系統預金	
系統外預金	
譲渡性預金	
(3)　コールローン	
(4)　買現先勘定	
(5)　債券貸借取引支払保証金	
(6)　買入手形	
(7)　買入金銭債権	
(8)　商品有価証券	
(9)　金銭の信託	
(10)　有価証券	
国債	
地方債	
政府保証債	
金融債	
短期社債	
社債	
外国証券	
株式	
受益証券	
投資証券	
(11)　貸出金	
(12)　外国為替	
(13)　その他の信用事業資産	
未収収益	
金融派生商品	
金融商品等差入担保金	
リース投資資産	
その他の資産	
(14)　債務保証見返	△
(15)　貸倒引当金	
2　共済事業資産	
(1)　共済貸付金	
(2)　共済未収利息	
(3)　その他の共済事業資産	△
(4)　貸倒引当金	
3　経済事業資産	
(1)　受取手形	
(2)　経済事業未収金	
(3)　経済受託債権	
(4)　棚卸資産	
購買品	
・・・	
宅地等	
その他の棚卸資産	
(5)　その他の経済事業資産	△
(6)　貸倒引当金	
4　雑資産	
5　固定資産	
(1)　有形固定資産	
建物	
機械装置	
土地	
リース資産	
建設仮勘定	

科　目	金　額
（負債の部）	
1　信用事業負債	
(1)　貯金	
(2)　譲渡性貯金	
(3)　売現先勘定	
(4)　債券貸借取引受入担保金	
(5)　借入金	
(6)　外国為替	
(7)　その他の信用事業負債	
未払費用	
金融派生商品	
金融商品等受入担保金	
その他の負債	
(8)　諸引当金	
金融商品取引責任準備金	
(9)　債務保証	
2　共済事業負債	
(1)　共済借入金	
(2)　共済資金	
(3)　共済未払利息	
(4)　未経過共済付加収入	
(5)　共済未払費用	
(6)　その他の共済事業負債	
3　経済事業負債	
(1)　支払手形	
(2)　経済事業未払金	
(3)　経済受託債務	
(4)　その他の経済事業負債	
4　設備借入金	
5　雑負債	
(1)　未払法人税等	
(2)　リース債務	
(3)　資産除去債務	
(4)　その他の負債	
6　諸引当金	
(1)　賞与引当金	
(2)　退職給付引当金	
(3)　役員退職慰労引当金	
(4)　・・・	
7　繰延税金負債	
8　再評価に係る繰延税金負債	
負債の部合計	
（純資産の部）	
1　組合員資本	
(1)　出資金	
（うち後配出資金）	
(2)　資本準備金	
(3)　利益剰余金	
利益準備金	
その他利益剰余金	
○○積立金	
当期未処分剰余金（又は当期未処理損失金）	
（うち当期剰余金（又は当期損失金））	
(4)　処分未済持分	△
2　評価・換算差額等	
(1)　その他有価証券評価差額金	

その他の有形固定資産 減価償却累計額 (2) 無形固定資産 リース資産 その他の無形固定資産 6 外部出資 (1) 外部出資 系統出資 系統外出資 子会社等出資 (2) 外部出資等損失引当金 7 前払年金費用 8 繰延税金資産 9 再評価に係る繰延税金資産 10 繰延資産	△ △	(2) 繰延ヘッジ損益 (3) 土地再評価差額金 純資産の部合計	
資産の部合計		負債及び純資産の部合計	

(記載上の注意)

1 法令等に基づき、又は組合の財産の状態を明らかにするために必要があるときは、この様式に掲げてある科目を細分し又はこの様式に掲げてある科目以外の科目を設け、その性質に応じて適切な名称を付し、適切な場所に記載すること。

2 該当しない科目は削除して記載するとともに、金額的重要性の乏しいものについては、一括して記載して差し支えない。なお、総括科目に一括記載したもののうち、同一種類の資産及び負債でその金額が資産総額の100分の１を超えるものについては、その資産及び負債の性質を示す適切な名称を付した科目を設けて記載すること。

(2)　JA の損益計算書

別紙様式第１号の２(2)（農業協同組合施行規則第117条第１号関係）

第　　年度（　年　月　日から　年　月　日まで）損益計算書

（農業協同組合名）
（単位：千円）

科　　　目	金　　　額		
1　事業総利益（又は事業総損失）			×××
事業収益		×××	
事業費用		×××	
(1)　信用事業収益		×××	
資金運用収益	×××		
（うち預金利息）	(×××)		
（うち有価証券利息）	(×××)		
（うち貸出金利息）	(×××)		
（うちその他受入利息）	(×××)		
役務取引等収益	×××		
その他事業直接収益	×××		
その他経常収益	×××		
(2)　信用事業費用		×××	
資金調達費用	×××		
（うち貯金利息）	(×××)		
（うち給付補填備金繰入）	(×××)		
（うち譲渡性貯金利息）	(×××)		
（うち借入金利息）	(×××)		
（うちその他支払利息）	(×××)		
役務取引等費用	×××		
その他事業直接費用	×××		
その他経常費用	×××		
（うち貸倒引当金繰入額）	(×××)		
（うち貸倒引当金戻入益）	(△×××)		
（うち貸出金償却）	(×××)		
信用事業総利益（又は信用事業総損失）			×××
(3)　共済事業収益		×××	
共済付加収入	×××		
共済貸付金利息	×××		
その他の収益	×××		
(4)　共済事業費用		×××	
共済借入金利息	×××		
共済推進費	×××		
共済保全費	×××		
その他の費用	×××		
（うち貸倒引当金繰入額）	(×××)		
（うち貸倒引当金戻入益）	(△×××)		
（うち貸出金償却）	(×××)		
共済事業総利益（又は共済事業総損失）			×××
(5)　購買事業収益		×××	
購買品供給高	×××		
購買手数料	×××		
修理サービス料	×××		
その他の収益	×××		
(6)　購買事業費用		×××	
購買品供給原価	×××		
購買品供給費	×××		
修理サービス費	×××		
その他の費用	×××		
（うち貸倒引当金繰入額）	(×××)		
（うち貸倒引当金戻入益）	(△×××)		
（うち貸倒損失）	(×××)		
購買事業総利益（又は購買事業総損失）			×××
(7)　販売事業収益		×××	
販売品販売高	×××		
販売手数料	×××		
その他の収益	×××		

(8)　販売事業費用		×××	
販売品販売原価	×××		
販売費	×××		
その他の費用	×××		
（うち貸倒引当金繰入額）	（×××）		
（うち貸倒引当金戻入益）	（△×××）		
（うち貸倒損失）	（×××）		
販売事業総利益（又は販売事業総損失）			×××
(9)　保管事業収益		×××	
(10)　保管事業費用		×××	
保管事業総利益（又は保管事業総損失）			×××
(11)　加工事業収益		×××	
(12)　加工事業費用		×××	
加工事業総利益（又は加工事業総損失）			×××
(13)　利用事業収益		×××	
(14)　利用事業費用		×××	
利用事業総利益（又は利用事業総損失）			×××
(15)　宅地等供給事業収益		×××	
(16)　宅地等供給事業費用		×××	
宅地等供給事業総利益（又は宅地等供給事業総損失）			×××
(17)　○○事業収益		×××	
(18)　○○事業費用		×××	
○○事業総利益（又は○○事業総損失）			×××
(19)　指導事業収入		×××	
(20)　指導事業支出		×××	
指導事業収支差額			×××
2　事業管理費			×××
(1)　人件費		×××	
(2)　業務費		×××	
(3)　諸税負担金		×××	
(4)　施設費		×××	
(5)　その他事業管理費		×××	
事業利益（又は事業損失）			×××
3　事業外収益			×××
(1)　受取雑利息		×××	
(2)　受取出資配当金		×××	
(3)　賃貸料		×××	
(4)　貸倒引当金戻入益		×××	
(5)　償却債権取立益		×××	
(6)　雑収入		×××	
4　事業外費用			×××
(1)　支払雑利息		×××	
(2)　貸倒損失		×××	
(3)　寄付金		×××	
(4)　雑損失		×××	
経常利益（又は経常損失）			×××
5　特別利益			×××
(1)　固定資産処分益		×××	
(2)　一般補助金		×××	
(3)　金融商品取引責任準備金取崩額		×××	
(4)　その他の特別利益		×××	
6　特別損失			×××
(1)　固定資産処分損		×××	
(2)　固定資産圧縮損		×××	
(3)　減損損失		×××	
(4)　金融商品取引責任準備金繰入額		×××	
(5)　その他の特別損失		×××	
税引前当期利益（又は税引前当期損失）			×××
法人税、住民税及び事業税		×××	
法人税等調整額		×××	
法人税等合計			×××
当期剰余金（又は当期損失金）			×××

当期首繰越剰余金（又は当期首繰越損失金）	×××
○○積立金取崩額	×××
当期未処分剰余金（又は当期未処理損失金）	×××

（記載上の注意）

1　本支所間及び各支所相互間の内部損益は除去して記載すること。

2　「事業総利益（又は事業総損失）」の「事業収益」及び「事業費用」には、各事業相互間の内部損益を除去した額を記載すること。

3　信用事業収益の「その他事業直接収益」には、外国為替売買益、商品有価証券売買益、買入金銭債権売却益、国債等債券売却益、国債等債券償還益その他の直接的収益の合計額を記載し、「その他経常収益」には、株式等売却益、金銭の信託運用益その他の経常的収益の合計額を記載すること。

4　信用事業費用の「その他事業直接費用」には、外国為替売買損、商品有価証券売買損、買入金銭債権売却損、国債等債券売却損、国債等債券償還損その他の直接的費用の合計額を記載し、「その他経常費用」には、貸倒引当金繰入額、貸出金償却、株式等売却損、株式等償却、金銭の信託運用損その他の経常的費用の合計額を記載すること。

5　「その他の特別利益」及び「その他の特別損失」には、非経常的な利益又は損失を記載すること。ただし、その額が相当額以下で事業収益若しくは事業外収益又は事業費用若しくは事業外費用に重要な影響を及ぼさない場合には、事業収益若しくは事業外収益又は事業費用若しくは事業外費用に記載することができるものとする。

6　一定の目的のために留保した積立金のその目的に従う取崩金額は、当期首繰越剰余金又は当期首繰越損失金の次に当該積立金の名称を付した科目をもって記載すること。

7　「貸倒引当金繰入額」には、一般貸倒引当金及び個別貸倒引当金の繰入額の合計額と取崩額（個別貸倒引当金の目的使用による取崩額を除く。以下この6において同じ。）の合計額を相殺した後の金額を記載すること。また、一般貸倒引当金及び個別貸倒引当金の取崩額の合計額が繰入額の合計額を上回る場合には、「事業費用」若しくは「事業外費用」又は「事業外収益」に「貸倒引当金戻入益」の科目を設け記載すること。

8　「貸出金償却」及び「貸倒損失」には、個別貸倒引当金の目的使用による取崩額を控除した後の金額を記載すること。

9　法令等に基づき、又は組合の損益の状態を明らかにするために必要があるときは、この様式に掲げてある科目を細分し又はこの様式に掲げてある科目以外の科目を設け、その性質に応じて適切な名称を付し、適切な場所に記載すること。

10　該当しない科目は削除して記載するとともに、金額的重要性の乏しいものについては、一括して記載して差し支えない。なお、総括科目に一括記載したもので、金額的に重要な収益及び費用については、その性質を示す適切な名称を付した科目をもって記載すること。

11　遡及適用、誤謬の訂正又は当該事業年度の前事業年度における合併に係る暫定的な会計処理の確定をした場合には、当期首繰越剰余金又は当期首繰越損失金及びこれに対する影響額を区分表示すること。

4　JAの部門別損益計算書

農業協同組合法37条では，貸借対照表，損益計算書，剰余金処分案又は損失処理案の他に，農林水産省令で定める事業の区分ごとの損益の状況を明らかにした事項を記載し，又は記録した書面又は電磁的記録を作成し，これを通常総会に提出し，又は提供しなければならないとされている。これは「部門別損益計算書」といわれ，その様式は以下のとおりである。

別紙様式第１号の２(3)（農業協同組合施行規則第143条第３項１号関係）

第　　年度〔　年　月　日から　年　月　日まで〕部門別損益計算書

（農業協同組合名）
（単位：千円）

区分	合計	信用事業	共済事業	農業関連事業	生活その他事業	営農指導事業	共通管理費等
事業収益 ①							
事業費用 ②							
事業総利益 ③（①－②）							
事業管理費 ④（うち減価償却費⑤）	（　）	（　）	（　）	（　）	（　）	（　）	
※うち共通管理費⑥（うち減価償却費⑦）		（　）	（　）	（　）	（　）	（　）	△（△）
事業利益 ⑧（③－④）							
事業外収益 ⑨							
※うち共通分 ⑩							△
事業外費用 ⑪							
※うち共通分 ⑫							△
経常利益 ⑬（⑧＋⑨－⑪）							
特別利益 ⑭							
※うち共通分 ⑮							△
特別損失 ⑯							
※うち共通分 ⑰							△
税引前当期利益 ⑱（⑬+⑭-⑯）							
営農指導事業分配賦額⑲						△	
営農指導事業分配賦後税引前当期利益⑳（⑱－⑲）							

（記載上の注意）
⑥、⑩、⑫、⑮、⑰は、各事業に直課できない額について記載すること。

（注）
1　共通管理費等及び営農指導事業の他部門への配賦基準等
(1)　共通管理費等

(2)　営農指導事業

2　配賦割合（１の配賦基準で算出した配賦の割合）

（単位：％）

区　分	信用事業	共済事業	農業関連事業	生活その他事業	営農指導事業	合　計
共通管理費等						100%
営農指導事業						100%

（記載上の注意）

共通管理費等として各部門に配賦された事業外損益（⑩、⑫）、特別損益（⑮、⑰）の額が相当多額であり、かつその配賦基準が共通管理費（⑥）の配賦基準と異なるときは、当該収益又は損失の勘定を付して、それぞれの配賦基準及び配賦割合を注記すること。

（長谷川祐哉）

第20章　JA の連結財務諸表

1　連結財務諸表の意義

連結財務諸表は，支配従属関係にある二以上の会社（会社に準ずる被支配事業体を含む）からなる企業集団を単一の組織体とみなして，親会社が当該企業集団の財政状態及び経営成績を総合的に報告するために作成するものである（連結財務諸表原則第一）。

そして，JA が子会社その他の当該組合と特殊の関係のある会社（以下「子会社等」という）を有する場合には，事業年度ごとに，組合及び子会社等の業務及び財産の状況を連結して記載した業務報告書を作成し，行政庁に提出しなければならない（農協法第54条の２）。

また信用事業もしくは共済事業を行う組合は，当該書類を当該組合の事務所に据え置き，公衆の縦覧に供することになっている（農協法第54条の３第２項）。

⑴　連結財務諸表の作成目的

連結財務諸表は，JA が JA 及び子会社等の財政状態及び経営成績を報告するために作成するものであり，JA 及び子会社等が一般に公正妥当と認められる会計基準に準拠して作成した個別財務諸表を基礎として作成する。よって子会社等に減価償却の過不足，資産又は負債の過大又は過少計上等が認められた場合には，これを修正して連結財務諸表の作成を行うことになる。

⑵　連結の範囲

JA は，原則として全ての子会社及び子法人等を連結の範囲に含めなければならない。

子会社とは，JA がその発行済株式（議決権のあるものに限る）の総数又は出資の総額（以下「発行済株式の総数等」という）の100分の50を超える者又は額の株式（議決権のあるものに限る）又は持分（以下「株式等」という）を所有する会社である。この場合において，JA 及びその１若しくは２以上の子会社又はJAの１若しくは２以上の子会社がその発行済株式の総数等の100分の50を超える数又は額の株式等を所有する他の会社は，JAの子会社とみなされる。

子法人等とは，JAの子会社その他の組合によりその財務及び営業又は事業の方針を決定する機関（株主総会その他これに準ずる機関をいう。以下「意思決定機関」という）を支配されている他の法人等である。この場合において，JA及び子法人等又は子法人等が他の法人等の意思決定機関を支配している場合における他の法人等は，JAの子法人等とみなされる（施行令第16条３項）。

2　連結財務諸表の作成手続

連結財務諸表は，JA及び子会社・子法人等を一つの会計単位とみなして作成されるものであるが，通常の財務諸表と異なり簿記による帳簿記録から誘導的に作成されるものではなく，個々の財務諸表（これを個別財務諸表という）をもとに作成される。

その作成手続は次の順序で行われるが，その中心となる作業は下図のとおりである。

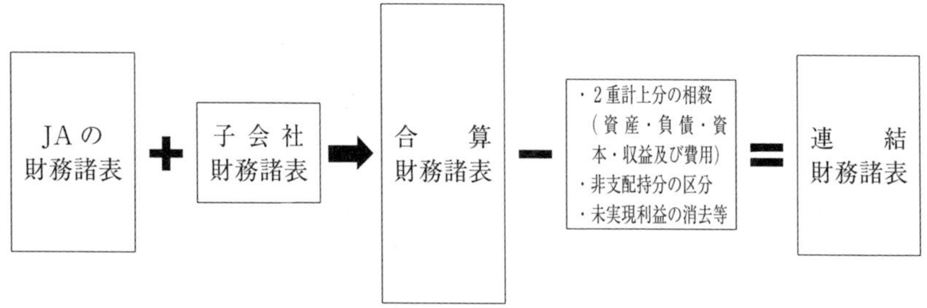

⑴　個別財務諸表の調整

①　支配獲得日における調整

JAが子会社・子法人等の支配権を獲得した日には，JAは時価で子会社・子法人等の株式を取得しているので，子会社・子法人等の資産及び負債も取得時の時価で評価することになる。

②　決算日に差異がある場合の調整

JAと子会社・子法人等の決算日が異なる場合には，子会社・子法人等について正規の決算に準ずる合理的な手続きによって，決算を行わなければならない。つまりJAの会計期間に合わせて決算を行わなければならない。ただし，決算日の差異が3ヶ月を超えない場合には，子会社・子法人等の正規の決算を基礎として連結決算を行うことができる。

③　損益計算書・剰余金処分計算書の調整

連結損益計算書は連結当期剰余金の表示で終了する。そして個別財務諸表における未処分剰余金の計算と剰余金処分を合わせて，連結剰余金計算書という書類が作成される。

⑵　合算財務諸表の作成

JAと子会社・子法人等の調整が終了した各個別財務諸表を単純に合算する。この合算財務諸表が連結財務諸表の基礎となるものである。しかし合算財務諸表は連結会社相互間の取引が重複されて示されており，これを相殺消去しなければならない。これが⑶以降に述べる連結特有の手続きとなる。

⑶　外部出資と資本の相殺消去

JAが有する子会社等の株式及び出資（外部出資）と，子会社・子法人等の株主資本等の勘定は対応する項目であり，本支所会計における本所勘定と支所勘定の関係と同じである。

ここで子会社・子法人等の資本金及び資本準備金は，JAとしてはその意味を持たないから全額相殺消去され，また取得日に存在した利益剰余金もこれを含めて株式を取得したと考えられるので，全額相殺消去される。

ただしJA以外の株主が存在する場合には，当該株主が所有する割合の純資産額を独立項目として「非支配株主持分」として計上する。上記の相殺消去にあたって差額が生じた場合には一般的には「のれん」として処理し，計上後20年以内に合理的な方法によって償却される。

⑷　債権債務の相殺消去

JAと子会社，あるいは子法人等が相互に有するそれぞれに対する債権債務は，連結では債権債務関係がなくなるので相殺消去される。

⑸　連結法人相互間の取引高の相殺消去

JAと子会社，あるいは子法人等間の取引で損益計算書に計上されているものについて，連結上は取引がなかったことになるので，これも相殺消去される。

⑹ 未実現利益の消去

連結法人間で売上・仕入取引があった場合には⑸によって相殺消去されるが，連結貸借対照表に計上される期末の棚卸資産にはこのような法人間取引を経て残っているものがある。これらは別法人であるがゆえに販売利益を付して取引がされているから，当該期末棚卸資産にも連結法人間で付した販売利益が含まれていることになる。

しかしながら，連結財務諸表はJA集団を一つの会計単位とみるから，JA集団より外部に販売したときにはじめて売上収益が実現する。よって，当該期末棚卸資産に含まれる販売利益は「未実現利益」と考えられ，消去される。

3 連結財務諸表作成の実際

以上の説明をふまえて，連結財務諸表の作成(例)を以下に示す。

(例) P組合（決算日3月31日）は×1年3月31日に，株式会社S社（決算日3月31日）の発行済株式の60％を180,000千円で取得した。下記の資料に基づいて連結財務諸表を作成する。なお，投資消去差額は「のれん」として処理し，発生年度の翌年から5年間で均等償却する。

《資料1》

P組合の財務諸表は次のとおりである。なお，P組合は×1年6月28日利益処分を行い，その内容は，利益準備金14,000千円，出資配当金140,000千円及び特別積立金68,000千円であった。

貸借対照表

P組合　×1年3月31日現在　(単位：千円)

借方	金額	貸方	金額
諸資産	4,020,000	諸負債	2,400,000
外部出資	180,000	出資金	1,000,000
		利益準備金	140,000
		その他利益剰余金	660,000
	4,200,000		4,200,000

損益計算書

P組合　自×1年4月1日　至×2年3月31日　(単位：千円)

借方	金額	貸方	金額
諸費用	8,166,000	諸収益	8,640,000
当期未処分剰余金	512,000	前期繰越剰余金	38,000
	8,678,000		8,678,000

貸借対照表

P組合　×2年3月31日現在　(単位：千円)

借方	金額	貸方	金額
諸資産	4,854,000	諸負債	2,900,000
外部出資	180,000	出資金	1,000,000
		利益準備金	154,000
		その他利益剰余金	980,000
	5,034,000		5,034,000

《資料2》

S社の財務諸表は以下のとおりである。S社は×1年6月26日に利益処分を行い，その内容は利益準備金600千円，配当金6,000千円及び別途積立金3,000千円であった。

貸借対照表

S社　×1年3月31日現在　(単位：千円)

諸資産	3,000,000	諸負債	2,706,000
		資本金	200,000
		利益準備金	18,000
		その他利益剰余金	76,000
	3,000,000		3,000,000

損益計算書

S社　自×1年4月1日　至×2年3月31日　(単位：千円)

諸費用	96,400	諸収益	110,000
当期純利益	13,600		
	110,000		110,000

貸借対照表

S社　×2年3月31日現在　(単位：千円)

諸資産	3,240,000	諸負債	2,938,400
		資本金	200,000
		利益準備金	18,600
		その他利益剰余金	83,000
	3,240,000		3,240,000

《資料3》

S社は商品の一部を掛け販売（利益率20%）しており，×1年4月1日から×2年3月31日までのS社のP組合に対する売上高は46,000千円，×2年3月31日現在のS社のP組合に対する売掛金残高は6,000千円である。また，×2年3月31日現在のP組合の棚卸資産にはS社から仕入れた購買品3,000千円が含まれている（期首在庫はない）。

作成手続1：個別財務諸表の調整（損益計算書・剰余金処分計算書の調整）

貸借対照表

P組合　×2年3月31日現在　（単位：千円）

借方	金額	貸方	金額
諸資産	4,854,000	諸負債	2,900,000
外部出資	180,000	出資金	1,000,000
		利益剰余金	1,134,000
	5,034,000		5,034,000

損益計算書

P組合　自×1年4月1日　至×2年3月31日　（単位：千円）

借方	金額	貸方	金額
諸費用	8,166,000	諸収益	8,640,000
当期剰余金	474,000		
	8,640,000		8,640,000

剰余金計算書

P組合　自×1年4月1日　至×2年3月31日　（単位：千円）

借方	金額	貸方	金額
配当金	140,000	剰余金期首残高	800,000
剰余金期末残高	1,134,000	当期剰余金	474,000
	1,274,000		1,274,000

貸 借 対 照 表

S社　　×1年3月31日現在　　(単位：千円)

借方	金額	貸方	金額
諸　資　産	3,000,000	諸　負　債	2,706,000
		資　本　金	200,000
		利益剰余金	94,000
	3,000,000		3,000,000

損 益 計 算 書

S社　　自×1年4月1日　至×2年3月31日　　(単位：千円)

借方	金額	貸方	金額
諸　費　用	96,400	諸　収　益	110,000
当期純利益	13,600		
	110,000		110,000

剰余金計算書

S社　　自×1年4月1日　至×2年3月31日　　(単位：千円)

借方	金額	貸方	金額
配　当　金	6,000	剰余金期首残高	94,000
剰余金期末残高	101,600	当期剰余金	13,600
	107,600		107,600

貸 借 対 照 表

S社　　×2年3月31日現在　　(単位：千円)

借方	金額	貸方	金額
諸　資　産	3,240,000	諸　負　債	2,938,400
		資　本　金	200,000
		利益剰余金	101,600
	3,240,000		3,240,000

作成手続２：合算財務諸表の作成

合算貸借対照表

Ｐ組合　×2年３月31日現在　（単位：千円）

借方	金額	貸方	金額
諸資産	8,094,000	諸負債	5,838,400
外部出資	180,000	出資金	1,000,000
		資本金	200,000
		利益剰余金	1,235,600
	8,274,000		8,274,000

合算損益計算書

Ｐ組合　自×1年４月１日　至×2年３月31日　（単位：千円）

借方	金額	貸方	金額
諸費用	8,262,400	諸収益	8,750,000
当期剰余金	487,600		
	8,750,000		8,750,000

合算剰余金計算書

Ｐ組合　自×1年４月１日　至×2年３月31日　（単位：千円）

借方	金額	貸方	金額
配当金	146,000	剰余金期首残高	894,000
剰余金期末残高	1,235,600	当期剰余金	487,600
	1,381,600		1,381,600

作成手続３：連結仕訳

(1)　開始仕訳

連結貸借対照表の修正

（借）資本金	200,000	（貸）外部出資	180,000
利益剰余金	94,000	非支配株主持分	117,600
のれん	3,600		

連結剰余金計算書の修正

(借)	連結剰余金 期首残高	94,000	(貸)	連結剰余金 期末残高	94,000

株式を取得した時点である×1年3月31日にさかのぼって，外部出資勘定とS社勘定の相殺消去を行う。ここで取得時のS社資本勘定は合計294,000千円であり，このうちの40％である117,600千円はP組合の持分以外であるので非支配株主持分とされる。

また残りの60％は176,400千円であり，これを180,000千円で取得しているので，投資消去差額が3,600千円生じている。これは「のれん」とされる。なお相殺消去されるS社の剰余金は×2年3月期で考えると過年度であるから，連結剰余金計算書では連結剰余金期首残高の修正となる。

(2) 剰余金処分の振替

P組合が受け取った子会社の配当金は，連結上は内部取引となる。よって，この取引はなかったことにする。

連結損益計算書の修正

(借)	諸収益(受取配当金)	3,600	(貸)	当期剰余金	3,600

※S社の利益処分時の配当金　6,000千円×60％＝3,600千円

連結剰余金計算書の修正

(借)	当期剰余金	3,600	(貸)	配　当　金	3,600

P組合以外の株主が受け取った配当金の原資となる剰余金は，開始仕訳で非支配株主持分に振替えられている。すると，配当金について連結上は，非支配株主持分を払い戻したと考えられるので，利益剰余金の減少ではなく，非支配株主持分の減少として処理する。

連結貸借対照表の修正

(借)	非支配 株主持分	2,400	(貸)	利益剰余金	2,400

※S社の利益処分時の配当金6,000×40％＝2,400千円

連結剰余金計算書の修正

(借)	連結剰余金 期末残高	2,400	(貸)	配　当　金	2,400

(3) 当期純利益の振替

S社の当期純利益のうち40％はP組合以外の株主に帰属するものであるか

ら，これを非支配株主持分に振替える。

連結貸借対照表の修正

（借）	利益剰余金	5,440	（貸）非支配株主持分	5,440

※Ｓ社の当期純利益13,600×40％＝5,440千円

連結損益計算書の修正

（借）非支配株主に帰属する当期利益　5,440

（貸）当期剰余金　5,440

連結剰余金計算書の修正

（借）	当期剰余金	5,440	（貸）連結剰余金期末残高	5,440

⑷　のれんの償却

連結貸借対照表の修正

（借）	利益剰余金	720	（貸）の　れ　ん	720

※のれん3,600千円×１年÷５年＝720千円

連結損益計算書の修正

（借）	のれん償却	720	（貸）当期剰余金	720

連結剰余金計算書の修正

（借）	当期剰余金	720	（貸）連結剰余金期末残高	720

⑸　債権債務の相殺消去

貸借対照表に記載されている債権債務は相殺消去する。

連結貸借対照表の修正

（借）	諸負債（購買未払金）	6,000	（貸）諸資産（売掛金）	6,000

⑹　連結法人相互間の取引高の相殺消去

損益計算書に記載されている内部取引は相殺消去する。

連結損益計算書の修正

（借）諸収益（売上高）　46,000

（貸）諸費用（購買品供給原価）　46,000

⑺　未実現利益の消去

Ｐ組合の棚卸資産のうち3,000千円はＳ社より仕入れた購買品であり，このうち20％の600千円はＳ社が付した利益であるから，これは未実現利益と

考えられるので消去しなければならない。また利益の発生源がＳ社であるから，このうち40％は非支配株主が負担することになる。

連結貸借対照表の修正

（借）	利益剰余金	360	（貸）諸資産（繰越購買品）	600
	非支配株主持分	240		

連結損益計算書の修正

（借）諸費用（購買品供給原価）※600

（貸）	非支配株主に帰属する当期利益	240
	当期剰余金	360

※期末購買品棚卸高は購買品供給原価の算定に当たっては控除項目である。よって未実現利益の分だけ控除が多かったと考えられるから，連結上は購買品供給原価が増加する。

連結剰余金計算書の修正

（借）	当期剰余金	360	（貸）連結剰余金期末残高	360

作成手続４：連結財務諸表の作成

以上の修正を合算財務諸表に行うことによって，以下の連結財務諸表が作成される。

連結貸借対照表

Ｐ組合　　×2年３月31日現在　　（単位：千円）

諸資産	8,087,400	諸負債	5,832,400
のれん	2,880	出資金	1,000,000
		利益剰余金	1,137,480
		非支配株主持分	120,400
	8,090,280		8,090,280

合算損益計算書

P組合　　　　自×1年4月1日　至×2年3月31日　　（単位：千円）

借方	金額	貸方	金額
諸費用	8,217,000	諸収益	8,700,400
のれん償却	720		
非支配株主に規則する当期利益	5,200		
当期剰余金	477,480		
	8,700,400		8,700,400

連結剰余金計算書

P組合　　　　自×1年4月1日　至×2年3月31日　　（単位：千円）

借方	金額	貸方	金額
配当金	140,000	剰余金期首残高	800,000
剰余金期末残高	1,137,480	当期剰余金	477,480
	1,277,480		1,277,480

このように，連結財務諸表ではP組合の利益剰余金は1,137,480千円，当期剰余金は477,480千円，純資産額は2,137,480千円（出資金1,000,000千円＋利益剰余金1,137,480千円）となる。

4　連結精算表

個別財務諸表の合算，連結仕訳の記入，連結財務諸表の作成までを一覧表にした連結精算表は以下のようになる（ただし，これ以外のフォーマットもある）。

	P組合		S社		合算		相殺消去		連結貸借対照表		連結損益計算書		連結剰余金計算書	
勘定科目	借方	貸方	借方	貸方	借方	貸方	借方	貸方	借方	貸方	借方	貸方	借方	貸方
諸資産	4,854,000		3,240,000		8,094,000			6,000	8,087,400					
								600						
外部出資	180,000				180,000			180,000	0					
のれん							3,600	720	2,880					
諸負債		2,900,000		2,938,400		5,838,400	6,000			5,832,400				
出資金		1,000,000				1,000,000				1,000,000				
資本金		0		200,000		200,000	200,000			0				
利益剰余金		1,134,000		101,600		1,235,600	94,000			1,137,480				
							5,440	2,400						
							720							
							360							
非支配株主持分							2,400	117,600		120,400				
							240	5,440						
合計	5,034,000	5,034,000	3,240,000	3,240,000	8,274,000	8,274,000	312,760	312,760	8,090,280	8,090,280	0	0	0	0
諸収益		8,640,000		110,000		8,750,000	3,600					8,700,400		
							46,000							
諸費用	8,166,000		96,400		8,262,400		600	46,000			8,217,000			
のれん償却							720				720			
非支配株主に帰属する当期利益							5,440	240			5,200			
当期剰余金	474,000		13,600		487,600			3,600			477,480			
								5,440						
								720						
								360						
合計	8,640,000	8,640,000	110,000	110,000	8,750,000	8,750,000	56,360	56,360	0	0	8,700,400	8,700,400	0	0
その他の剰余金期首残高		800,000		94,000		894,000	94,000							800,000
配当金	140,000		6,000		146,000			3,600					140,000	
								2,400						
当期剰余金		474,000		13,600		487,600	3,600							477,480
							5,440							
							720							
							360							
その他の剰余金期末残高	1,134,000		101,600		1,235,600			94,000					1,137,480	
							2,400							
								5,440						
								720						
								360						
合計	1,274,000	1,274,000	107,600	107,600	1,381,600	1,381,600	106,520	106,520	0	0	0	0	1,277,480	1,277,480

5　JAの連結財務諸表の様式

実務におけるJAの連結財務諸表の様式は以下のようになっている。

別紙様式第6号(2)（農業協同組合施行規則第202条第5項第1号関係）

連　結　業　務　報　告　書

第　　年度（　年　月　日から　年　月　日まで）

農業協同組合名

所在地

年　月　日

殿

農業協同組合名
代表理事　氏名　　　　印
所在地

　年　月　日から　年　月　日までの当組合及び子会社等の業務及び財産の状況を次のとおり報告します。

目　　次

（記載上の注意）

1　連結業務報告書の各様式に記載する金額単位は千円とし、端数は切り捨て又は四捨五入するものとする。ただし、農業協同組合（以下連結業務報告書において「組合」という。）の資産総額が五百億円以上の場合にあっては、百万円単位とし、端数は切り捨て又は四捨五入とすることを妨げない。

2　連結業務報告書に記載する構成比率等は、小数点第3位以下を切り捨て小数点第2位までを記載すること。

3　組合及び子会社等（農業協同組合法（以下連結業務報告書において「法」という。）第54条の2第2項に規定する子会社等をいう。以下連結業務報告書において同じ。）の事業の内容を明らかにするために必要があるときは、連結業務報告書に掲げる事項を細分し、又は新たに項目を設けて記載すること。

第１　事業概況書

第　　年度（　　年　　月　　日から　　年　　月　　日まで）事業概況書

１　事業の概況

（記載上の注意）
組合及びその子会社等について、主要な事業の内容のほか、主要勘定の増減の事由及びその他事業状況の推移に関する重要な事項を記載すること。

２　子会社等の状況
子会社等数の増減

	前　期　末	当　期　末	当期増減（△）
子　　会　　社			
子　法　人　等			
関　連　法　人　等			
合　　計			

（記載上の注意）
１　「子会社」とは法第11条の２第２項に規定する子会社を、「子法人等」とは第203条第１号に規定する子法人等であるもの（法第11条の２第２項に規定する子会社を除く。）を、「関連法人等」とは第203条第２号に規定する関連法人等であるものをいう。以下連結業務報告書において同じ。
２　子会社等に該当するものは全て記載することとし、重要性の原則は適用しないものとする。

第２　連結貸借対照表

第　　年度（　　年　　月　　日現在）連結貸借対照表

（単位：千円）

科　　目	金　額	科　　目	金　額
（資産の部）		（負債の部）	
１　信用事業資産		１　信用事業負債	
(1)　現金及び預金		(1)　貯金	
(2)　コールローン及び買入手形		(2)　譲渡性貯金	
(3)　買現先勘定		(3)　売現先勘定	
(4)　債券貸借取引支払保証金		(4)　債券貸借取引受入担保金	
(5)　買入金銭債権		(5)　借入金	
(6)　商品有価証券		(6)　外国為替	
(7)　金銭の信託		(7)　その他の信用事業負債	
(8)　有価証券		(8)　諸引当金	
(9)　貸出金		(9)　債務保証	
(10)　外国為替		２　共済事業負債	
(11)　その他の信用事業資産		(1)　共済借入金	
(12)　債務保証見返		(2)　共済資金	
(13)　貸倒引当金	△	(3)　その他の共済事業負債	
２　共済事業資産		３　経済事業負債	
(1)　共済貸付金		(1)　支払手形及び経済事業未払金	
(2)　その他の共済事業資産		(2)　その他の経済事業負債	
(3)　貸倒引当金	△	４　設備借入金	
３　経済事業資産		５　雑負債	
(1)　受取手形及び経済事業未収金		６　諸引当金	
(2)　棚卸資産		(1)　賞与引当金	
(3)　その他の経済事業資産		(2)　退職給付に係る負債	

(4)　貸倒引当金 4　雑資産 5　固定資産 (1)　有形固定資産 建物 機械装置 土地 リース資産 建設仮勘定 その他の有形固定資産 減価償却累計額 (2)　無形固定資産 のれん リース資産 その他の無形固定資産 6　外部出資 (1)　外部出資 (2)　外部出資等損失引当金 7　退職給付に係る資産 8　繰延税金資産 9　再評価に係る繰延税金資産 10　繰延資産	△ △ △	(3)　役員退職慰労引当金 (4)　・・・・・・・・ 7　繰延税金負債 8　再評価に係る繰延税金負債 負債の部合計 （純資産の部） 1　組合員資本 (1)　出資金 (2)　資本剰余金 (3)　利益剰余金 (4)　処分未済持分 (5)　子会社の所有する親組合出資金 2　評価・換算差額等 (1)　その他有価証券評価差額金 (2)　繰延ヘッジ損益 (3)　土地再評価差額金 (4)　退職給付に係る調整累計額 3　非支配株主持分 純資産の部合計	 △ △
資産の部合計		負債及び純資産の部合計	

（記載上の注意）

1　法令等に基づき、又は組合及びその子会社等の財産の状態を明らかにするために必要があるときは、この様式に掲げてある科目を細分し又はこの様式に掲げてある科目以外の科目を設け、その性質に応じて適切な名称を付し、適切な場所に記載すること。

2　該当しない科目は削除して記載するとともに、金額的重要性の乏しいものについては、一括して記載して差し支えない。なお、総括科目に一括記載したもののうち、同一種類の資産及び負債でその金額が資産総額の100分の5（「リース債権及びリース投資資産」、「未払法人税等」、「リース債務」及び「資産除去債務」については、その金額が資産総額の100分の1）を超えるものについては、その資産及び負債の性質を示す適切な名称を付した科目を設けて記載すること。

第3　連結損益計算書

第　　年度（　　年　　月　　日から　　年　　月　　日まで）連結損益計算書

（単位：千円）

科　　目	金　　額		
1　事業総利益（又は事業総損失）			×××
(1)　信用事業収益		×××	
資金運用収益	×××		
（うち預金利息）	(×××)		
（うち有価証券利息）	(×××)		
（うち貸出金利息）	(×××)		
（うちその他受入利息）	(×××)		
役務取引等収益	×××		
その他事業直接収益	×××		
その他経常収益	×××		
(2)　信用事業費用		×××	
資金調達費用	×××		
（うち貯金利息）	(×××)		
（うち給付補填備金繰入）	(×××)		
（うち譲渡性貯金利息）	(×××)		
（うち借入金利息）	(×××)		
（うちその他支払利息）	(×××)		
役務取引等費用	×××		
その他事業直接費用	×××		
その他経常費用	×××		
（うち貸倒引当金繰入額）	(×××)		
（うち貸出金償却）	(×××)		

信用事業総利益（又は信用事業総損失）			×××
(3)　共済事業収益		×××	
共済付加収入	×××		
その他の収益	×××		
(4)　共済事業費用		×××	
共済推進費及び共済保全費	×××		
その他の費用	×××		
共済事業総利益（又は共済事業総損失）			×××
(5)　購買事業収益		×××	
購買品供給高	×××		
購買手数料	×××		
その他の収益	×××		
(6)　購買事業費用		×××	
購買品供給原価	×××		
購買品供給費	×××		
その他の費用	×××		
購買事業総利益（又は購買事業総損失）			×××
(7)　販売事業収益		×××	
販売品販売高	×××		
販売手数料	×××		
その他の収益	×××		
(8)　販売事業費用		×××	
販売品販売原価	×××		
販売費	×××		
その他の費用	×××		
販売事業総利益（又は販売事業総損失）			×××
(9)　その他事業収益		×××	
(10)　その他事業費用		×××	
その他事業総利益（又はその他事業総損失）			×××
2　事業管理費			×××
(1)　人件費		×××	
(2)　その他事業管理費		×××	
事業利益（又は事業損失）			×××
3　事業外収益			×××
(1)　受取雑利息		×××	
(2)　受取出資配当金		×××	
(3)　持分法による投資益		×××	
(4)　その他の事業外収益		×××	
4　事業外費用			×××
(1)　支払雑利息		×××	
(2)　持分法による投資損		×××	
(3)　その他の事業外費用		×××	
経常利益（又は経常損失）			×××
5　特別利益			×××
(1)　固定資産処分益		×××	
(2)　負ののれん発生益		×××	
(3)　その他の特別利益		×××	
6　特別損失			×××
(1)　固定資産処分損		×××	
(2)　減損損失		×××	
(3)　その他の特別損失		×××	
税金等調整前当期利益（又は税金等調整前当期損失）			×××
法人税、住民税及び事業税		×××	
法人税等調整額		×××	
法人税等合計			×××
当期利益（又は当期損失）			×××
非支配株主に帰属する当期利益（又は非支配株主に帰属する当期損失）			×××
当期剰余金（又は当期損失金）			×××

（記載上の注意）

1　法令等に基づき、又は組合及びその子会社等の損益の状態を明らかにするために必要があるときは、この様式に掲げてある科目を細分し又はこの様式に掲げてある科目以外の科目を設け、その性質に応じて適切な名称を付し、適切な場所に記載すること。
2　該当しない科目は削除して記載するとともに、金額的重要性の乏しいものについては、一括して記載して差し支えない。なお、総括科目に一括記載したもので、金額的に重要な収益及び費用については、その性質を示す適切な名称を付した科目をもって記載すること。

第4　連結剰余金計算書

第　年度（　年　月　日から　年　月　日まで）連結剰余金計算書

（単位：千円）

科　　目	金　　額
（資本剰余金の部）	
1　資本剰余金期首残高	
2　資本剰余金増加高	
・　・　・	
3　資本剰余金減少高	
・　・　・	
4　資本剰余金期末残高	
（利益剰余金の部）	
1　利益剰余金期首残高	
2　利益剰余金増加高	
当期剰余金	
・　・　・	
3　利益剰余金減少高	
配当金	
・　・　・	
4　利益剰余金期末残高	

（記載上の注意）
法令等に基づき、又は組合及びその子会社等の剰余金の状態を明らかにするために必要があるときは、この様式に掲げてある科目を細分し又はこの様式に掲げてある科目以外の科目を設け、その性質に応じて適切な名称を付し、適切な場所に記載すること。

第６　連結注記表

（記載上の注意）
　以下の事項につき、一覧できるよう記載すること。

項　　　目	注　記　事　項
連結計算書類の作成のための基本となる重要な事項に関する注記	組合及びその子会社等について連結して作成する連結計算書類に関する下記の事項を記載すること。 (1)　連結の範囲に関する事項 (2)　持分法の適用に関する事項 (3)　連結される子会社及び子法人等の事業年度に関する事項 (4)　のれんの償却方法及び償却期間 (5)　剰余金処分項目等の取扱いに関する事項 (6)　連結キャッシュ・フロー計算書における現金及び現金同等物の範囲
継続組合の前提に関する注記	1　第４章第３節第５款（第127条第１項第10号及び第128条第１号を除く。）に規定する事項に準じて記載すること。 2　「重要な会計方針に係る事項に関する注記」については、子会社等が採用した会計方針のうちに組合と異なるものがある場合には、その差異の概要についても記載すること。ただし、その差異が軽微であるときには、この限りでない。
重要な会計方針に係る事項に関する注記	
会計方針の変更に関する注記	
表示方法の変更に関する注記	
会計上の見積りの変更に関する注記	
誤謬の訂正に関する注記	
連結貸借対照表に関する注記	
連結損益計算書に関する注記	

金融商品に関する注記	
有価証券に関する注記	
退職給付に関する注記	
税効果会計に関する注記	
賃貸等不動産に関する注記	
合併に関する注記	
新設分割に関する注記	
重要な後発事象に関する注記	
その他の注記	

第7　連結自己資本比率の状況

第　　年度（　　年　　月　　日現在）連結自己資本比率の状況

（単位：千円）

項　　目	当期末	当期末 経過措置による不算入額	前期末	前期末 経過措置による不算入額
コア資本に係る基礎項目				
普通出資又は非累積的永久優先出資に係る組合員資本の額				
うち、出資金及び資本剰余金の額				
うち、再評価積立金の額				
うち、利益剰余金の額				
うち、外部流出予定額（△）				
うち、上記以外に該当するものの額				
コア資本に算入される評価・換算差額等				
コア資本に係る調整後非支配株主持分の額				
コア資本に係る基礎項目の額に算入される引当金の合計額				
うち、一般貸倒引当金コア資本算入額				
うち、適格引当金コア資本算入額				
適格旧資本調達手段の額のうち、経過措置によりコア資本に係る基の額に含まれる額				
公的機関による資本の増強に関する措置を通じて発行された資本調達手段の額のうち、経過措置によりコア資本に係る基礎項目の額に含まれる額				
土地再評価額と再評価直前の帳簿価額の差額の45パーセントに相当する額のうち、経過措置によりコア資本に係る基礎項目の額に含まれる額				
非支配株主持分のうち、経過措置によりコア資本に係る基礎項目の額に含まれる額				
コア資本に係る基礎項目の額　（イ）				
コア資本に係る調整項目				
無形固定資産（モーゲージ・サービシング・ライツに係るものを除く。）の額の合計額				
うち、のれんに係るもの（のれん相当差額を含む。）の額				
うち、のれん及びモーゲージ・サービシング・ライツに係るもの以外の額				
繰延税金資産（一時差異に係るものを除く。）の額				
適格引当金不足額				
証券化取引に伴い増加した自己資本に相当する額				
負債の時価評価により生じた時価評価差額であって自己資本に算入される額				

退職給付に係る資産の額				
自己保有普通出資等（純資産の部に計上されるものを除く。）の額				
意図的に保有している他の金融機関等の対象資本調達手段の額				
少数出資金融機関等の対象普通出資等の額				
特定項目に係る10パーセント基準超過額				
うち、その他金融機関等の対象普通出資等に該当するものに関連するものの額				
うち、モーゲージ・サービシング・ライツに係る無形固定資産に関連するものの額				
うち、繰延税金資産（一時差異に係るものに限る。）に関連するものの額				
特定項目に係る15パーセント基準超過額				
うち、その他金融機関等の対象普通出資等に該当するものに関連するものの額				
うち、モーゲージ・サービシング・ライツに係る無形固定資産に関連するものの額				
うち、繰延税金資産（一時差異に係るものに限る。）に関連するものの額				
コア資本に係る調整項目の額　（ロ）				
自己資本				
自己資本の額　（（イ）－（ロ））　（ハ）				
リスク・アセット等				
信用リスク・アセットの額の合計額				
資産（オン・バランス）項目				
うち、経過措置によりリスク・アセットの額に算入される額の合計額				
うち、他の金融機関等の対象資本調達手段に係るエクスポージャーに係る経過措置を用いて算出したリスク・アセットの額から経過措置を用いずに算出したリスク・アセットの額を控除した額（△）				
うち、上記以外に該当するものの額				
オフ・バランス項目				
ＣＶＡリスク相当額を８パーセントで除して得た額				
中央清算機関関連エクスポージャーに係る信用リスク・アセットの額				
オペレーショナル・リスク相当額の合計額を８パーセントで除して得た額				
信用リスク・アセット調整額				
オペレーショナル・リスク相当額調整額				
リスク・アセット等の額の合計額　（ニ）				
連結自己資本比率				
連結自己資本比率　（（ハ）／（ニ））	%		%	

（記載上の注意）

1　この表には、組合がその経営の健全性を判断するための基準として、法第11条の２第１項の規定に基づき、主務大臣が定める同項第２号に掲げる基準に係る算式に基づき算出した数値を記載すること。

2　遡及適用又は誤謬（びゅう）の訂正により、「前期末」欄の金額又は比率が前事業年度に係る報告時の金額又は比率と異なっているときは、その旨を欄外に記載すること。

6　持分法の意義

持分法とは連結財務諸表において，非連結子会社等及び関連法人等に対する外部出資について採用される評価方法であり，連結の方法を「全部連結」というのに対し，持分法は「部分連結」ともいわれている。出資を持分法で評価した場合には次のようになる。

① 株式及び出資金の評価額は基本的に次のようになる。

持分法による評価額[1]＝(非連結子会社等又は関連法人等の純資産)×持株割合

② 非連結子会社等又は関連法人等の当期損益は「持分法による投資損益」として表示される。

③ 非連結子会社等又は関連法人等の前期以前の損益・修正は「連結剰余金期首残高」で調整される。

7　持分法の実際

連結の設例を用いて持分法による評価を行うと次のようになる。

連結の設例において，S社が非連結子会社に該当し，持分法を適用することとなった。

(1) 配当金の処理

S社からの配当金（6,000千円×60%）が期首剰余金部分からされたと考え，これは既に取得時点で外部出資となっているので，それが現金化したのと同じことになる。よって，外部出資を減少するとともに，受取配当金も減少させる。

連結貸借対照表の修正

（借）	利益剰余金	3,600	（貸）外 部 出 資	3,600

連結損益計算書の修正

（借）	諸収益(受取配当金)	3,600	（貸）当期剰余金	3,600

連結剰余金計算書の修正

（借）	当期剰余金	3,600	（貸）連結剰余金期末残高	3,600

(2) 当期純利益の振替

S社の当期純利益のうち，P組合持分の部分（13,600千円×60%）を「持分法による投資損益」として認識し，外部出資を増加させる。

連結貸借対照表の修正

（借）	外部出資	8,160	（貸）	利益剰余金	8,160

連結損益計算書の修正

（借）	当期剰余金	8,160	（貸）	持分法による投資損益	8,160

連結剰余金計算書の修正

（借）	連結剰余金期末残高	8,160	（貸）	当期剰余金	8,160

⑶ 投資差額の償却

投資消去差額はのれんであるから，当期償却分を外部出資から減少させ，同額を持分法による投資損益とする。

連結貸借対照表の修正

（借）	利益剰余金	720	（貸）	外部出資	720

連結損益計算書の修正

（借）	持分法による投資損益	720	（貸）	当期剰余金	720

連結剰余金計算書の修正

（借）	当期剰余金	720	（貸）	連結剰余金期末残高	720

⑷ 未実現利益の消去

未実現利益のうち，Ｐ組合負担分（600千円×60％）を外部出資から減少させ，同額を持分法による投資損益とする。

連結貸借対照表の修正

（借）	利益剰余金	360	（貸）	外部出資	360

連結損益計算書の修正

（借）	持分法による投資損益	360	（貸）	当期剰余金	360

連結剰余金計算書の修正

（借）	当期剰余金	360	（貸）	連結剰余金期末残高	360

上記の結果を，Ｐ組合の個別財務諸表に反映させると以下のようになる。

貸借対照表（持分法）

P組合　×2年３月31日現在　（単位：千円）

諸資産	4,854,000	諸負債	2,900,000
外部出資	183,480	出資金	1,000,000
		利益剰余金	1,137,480
	5,037,480		5,037,480

損益計算書（持分法）

P組合　自×1年４月１日　至×2年３月31日　（単位：千円）

諸費用	8,166,000	諸収益	8,636,400
当期剰余金	477,480	持分法による投資損益	7,080
	8,643,480		8,643,480

剰余金計算書（持分法）

P組合　自×1年４月１日　至×2年３月31日　（単位：千円）

配当金	140,000	剰余金期首残高	800,000
剰余金期末残高	1,137,480	当期剰余金	477,480
	1,277,480		1,277,480

S社を持分法によって評価した場合，外部出資は183,480千円[2,3]となるが，利益剰余金は1,137,480千円[4]，当期剰余金は477,480千円[5]であり，さらに純資産額も2,137,480千円（1,000,000＋1,137,480）となる。つまり，連結財務諸表を作成した場合の利益剰余金，当期剰余金，純資産額と同額になる。

ただし，連結財務諸表は連結子会社等がない場合には作成されないので，この連結財務諸表はあくまでも理解のために示している。

注

1　ただし，投資消去差額の未償却部分がある場合や，棚卸資産の未実現利益がある場合などはこの計算式通りにはならない。

2　外部出資　P組合個別180,000－(1)3,600＋(2)8,160－(3)720－(4)360＝183,480

3　外部出資の評価額　　　　183,480

S社の純資産額　301,600×60％＝180,960

差　額　　　　2,520

差額の内訳　投資消去差額の未償却分　2,880，未実現利益の負担分　－360

4　連結利益剰余金　P組合個別1,134,000－(1)3,600＋(2)8,160－(3)720－(4)360＝1,137,480

5　連結当期剰余金　P組合個別474,000－(1)3,600＋(2)8,160－(3)720－(4)360＝477,480

（土屋明誠）

【汐留パートナーズ税理士法人】

〒104-0061 東京都中央区銀座七丁目13－8 第二丸高ビル４階
電話番号：03-6228-5505（代表） Ｅメール：inquiry-jp@pkfsp.com

汐留パートナーズ税理士法人は，グループ会社である汐留パートナーズ株式会社及び汐留パートナーズ行政書士法人と共にグローバルな視点から会計・ビジネスのアドバイザリーを提供するPKFインターナショナルの日本におけるメンバーファームである。

【主な業務】

・国内税務サービス
月次・四半期決算支援・各種税務申告書作成・税務調査立会・税務意見書作成・連結納税導入及び運用支援等

・国際税務サービス
国際税務・国際労務・海外進出・日本進出に関する税務アドバイザリー，納税管理人サービス等

・M&A・組織再編・事業承継サービス
M&Aに関する税務・税務デューデリジェンス・組織再編に関する税務・事業承継に関する税務アドバイザリー等

・アウトソーシングサービス（BPO）
記帳代行・支払代行・請求事務代行・給与計算・社会保険事務代行サービス等

【沿革】

2007年７月　前川研吾が東京都港区に前川公認会計士事務所を設立
2008年４月　前川公認会計士事務所が汐留パートナーズ会計事務所に改称
2008年６月　平野秀輔が東京都新宿区に協同税理士法人を設立
2012年８月　汐留パートナーズ会計事務所が佐藤隆太税理士事務所と経営統合し汐留

パートナーズ税理士法人へと法人化
2018年６月　PKF インターナショナルに加入
2019年１月　協同税理士法人と合併
2019年４月　ロックハート会計事務所と経営統合

【PKF インターナショナル】

PKF インターナショナルは，1969年にイギリス，アメリカ，カナダ，オーストラリアのメンバーファームをベースに発足し，現在では世界150ヶ国400以上の主要各都市に拠点を構えている。日本においては汐留パートナーズ（本社：東京），ひびき監査法人（本社：大阪）がPKF インターナショナルに加入しており国内外のクライアントへサービスを提供している。

www.shiodome.co.jp
www.pkf-shiodome.com

【執筆者の紹介】

【監修者】

平野秀輔（ひらの　しゅうすけ）

博士（学術）・公認会計士・税理士

汐留パートナーズ税理士法人代表社員，青森大学総合経営学部教授

中央大学大学院戦略経営研究科ビジネス科学専攻（博士後期課程）修了

（第１章，第２章，第３章，第４章１，６，第５章，第14章，第16章，第18章執筆）

前川研吾（まえかわ　けんご）

公認会計士・米国公認会計士・税理士

汐留パートナーズ税理士法人代表社員，汐留パートナーズ株式会社代表取締役社長，青森大学客員教授

北海道大学経済学部経営学科卒業

（第10章，第11章，第13章　執筆）

【執筆者】

佐藤幸一（さとう　こういち）

税理士

汐留パートナーズ税理士法人シニアアドバイザー，青森大学客員教授

日本大学商学部会計学科卒業

（第６章，第７章　執筆）

長谷川祐哉（はせがわ　ゆうや）

税理士

汐留パートナーズ税理士法人代表社員，汐留パートナーズ株式会社取締役副社長

埼玉大学経済学部社会環境設計学科卒業

（第12章，第17章，第19章　執筆）

土屋明誠（つちや　あきなり）
公認会計士・米国公認会計士・税理士
汐留パートナーズ税理士法人代表社員
早稲田大学大学院会計研究科卒業
（第20章　執筆）

松橋亮太（まつはし　りょうた）
汐留パートナーズ株式会社執行役員
立教大学大学院経済学研究科経済学専攻　在学中
（第８章　執筆）

前川悠介（まえかわ　ゆうすけ）
税理士
汐留パートナーズ株式会社執行役員
日本大学大学院経済学研究科卒業
（第４章４，５　執筆）

三宅宏史（みやけ　ひろふみ）
税理士
汐留パートナーズ税理士法人シニアマネージャー
中央大学経済学部経済学科卒業
（第４章２，３　執筆）

三井　亮（みつい　りょう）
税理士
汐留パートナーズ税理士法人マネージャー
日本大学国際関係学部国際交流学科卒業
（第３章７，８　執筆）

亀 谷 尚 輝（かめたに　なおき）

税理士

汐留パートナーズ税理士法人マネージャー

大原簿記専門学校税理士学科卒業

（第３章１，２，３　執筆）

藤 井 淳 平（ふじい　じゅんぺい）

税理士

汐留パートナーズ税理士法人アシスタントマネージャー

日本大学商学部商業学科卒業

（第９章　執筆）

佐 藤 日 奈（さとう　かな）

公認会計士

汐留パートナーズ税理士法人アシスタントマネージャー

富山大学経済学部経営法学科卒業

（第15章　執筆）

安 栖 智 史（やすずみ　さとし）

税理士

汐留パートナーズ税理士法人アシスタントマネージャー

大原簿記専門学校2年制税理士コース卒業

（第３章９，10　執筆）

一 井 大 平（いちい　たいへい）

税理士

汐留パートナーズ税理士法人アシスタントマネージャー

京都産業大学大学院法学研究科法律学専攻修士課程修了

（第３章５，６　執筆）

■ 複式簿記の理論とJA簿記 〈検印省略〉

■ 発行日──2020年6月16日　初　版　発　行

■ 監修・著者　平野秀輔・前川研吾

■ 編　　者　汐留パートナーズ税理士法人

■ 発 行 者　大矢栄一郎

■ 発 行 所　株式会社 白桃書房

〒101-0021　東京都千代田区外神田5-1-15
☎03-3836-4781　Ⓕ03-3836-9370　振替00100-4-20192
http://www.hakutou.co.jp/

■ 印刷・製本──藤原印刷

ISBN978-4-561-45182-2 C3034